ミミズの学術的研究

日本産フトミミズ属の形態、生態、
分類および研究手法

石塚 小太郎

全国農村教育協会

Academic Study of Earthworms
Morphology, ecology, taxonomy and
research methods of Japanese Earthworms
(Genus *Pheretima* s. lat.)

Kotaro Ishizuka

©2015 by Kotaro Ishizuka

1. 本書は東京大学に提出した学位論文「日本産フトミミズ属の分類学的研究」を基にしたものである。(2001年6月4日提出)

2. フトミミズの形態、生態、分類について研究したものであるが、広く生物に関わる研究手法、調査法として参考にしていただければ幸いである。

3. 本書はミミズに関心がある人や本格的にミミズの研究に取り組む人に役立つ資料になると考え、刊行することとした。

4. 本書はミミズの研究論文等での引用文献、参考文献として活用いただきたい。

5. 本書は極力平易な表現による論文を心がけた。それにより著者がミミズに関する各種研修会等で使用した教材の基ともなっている。

6. 本書で取り上げた研究情報は2001年以前のものである。

7. 日本産フトミミズ属の属名 Genus *Phertima* は1981年 Easton「Japanese earthworms」で4属に分割されているが、本書では従来から使用している Genus *Phertima* を属名としている。

2015年7月　石塚 小太郎

目次

第1章　序論 ……………………………………………………………… 1

第2章　資料と方法 ……………………………………………………… 4
  2.1　　調査地 …………………………………………………………… 4
  2.2　　方法 ……………………………………………………………… 5
    2.2.1　採集法 ………………………………………………………… 5
    2.2.2　麻酔・固定・解剖法 ………………………………………… 5
    2.2.3　形態観察項目 ………………………………………………… 6

第3章　結果 ……………………………………………………………… 12
  3.1　　東京産フトミミズ属75種とその分布 ………………………… 12
  3.2.　 形質 ……………………………………………………………… 16
    3.2.1 腸盲嚢 …………………………………………………………… 16
    3.2.2 受精嚢孔と受精嚢 ……………………………………………… 18
    3.2.3 性徴と生殖腺 …………………………………………………… 22
    3.2.4 外部標徴 ………………………………………………………… 27
    3.2.5 雄性孔と精巣，貯精嚢，摂護腺 ……………………………… 29
    3.2.6 体長，体幅，体節数，体色 …………………………………… 34
    3.2.7 その他の形質 …………………………………………………… 35
  3.3　　腸盲嚢の4型と他の形質との関連性 …………………………… 38
    3.3.1 体長との関係 …………………………………………………… 38
    3.3.2 体型との関係 …………………………………………………… 39
    3.3.3 受精嚢孔対数との関係 ………………………………………… 39
    3.3.4 性徴及び生殖腺との関係 ……………………………………… 40
    3.3.5 受精嚢孔，貯精嚢，摂護腺の大きさ及び体壁・隔膜の
         厚さとの関係 …………………………………………………… 41
    3.3.6 雄性生殖器官（受精嚢，貯精嚢，摂護腺）の有無及び
         変異性との関係 ………………………………………………… 41

3.4　フトミミズ属の生活様式及び形質 ……………………………… 43
　　3.4.1 生息層位別の生活様式 ……………………………… 43
　　3.4.2 食性 ……………………………… 45
　　3.4.3 出現時季と越年型 ……………………………… 46
　　3.4.4 生息層位と降雨後地上に出現するミミズの種類 ……………………………… 48
　　3.4.5 生息層位と形質の関連性 ……………………………… 49
　3.5　東京産フトミミズ属の分類 ……………………………… 51
　　3.5.1 腸盲嚢と他の形質及び生活様式との関連性 ……………………………… 51
　　3.5.2 検索表 ……………………………… 54
　　3.5.3 分類図 ……………………………… 58

第4章　考察 ……………………………… 96
　4.1　形質と分類について ……………………………… 96
　4.2　生活様式について ……………………………… 99
　4.3　東京産フトミミズ属の分布と新種，広域種 ……………………………… 100
　4.4　日本産フトミミズ属の再検討 ……………………………… 102
　　4.4.1 日本産フトミミズ属の既知種 ……………………………… 102
　　4.4.2 研究のための既存の研究資料 ……………………………… 105
　4.5　フトミミズ属の分類に必要な形質及び同定確認順位 ……………………………… 108
　4.6　フトミミズ属の新グループ区分の提案 ……………………………… 111

摘要 ……………………………… 113

謝辞 ……………………………… 116

引用文献 ……………………………… 117

付表・付図 ……………………………… 126

第 1 章　　序論

　ミミズは土壌動物の調査で普通に採集される。体長は40～500mm と大型で，しかも個体数が多くしたがって現存量も多い（新島・小川, 1980；北沢他, 1985；新島・松本, 1993；中村, 1967, 1971, Nakamura, 1968, 1975；Watanabe, 1973；塚本, 1986b）。日本では土壌動物として代表的なものである。ミミズと土との関係についてはDarwin(1881)の研究以来，多くの研究が行われてきており，ミミズは土壌の肥沃化（渡辺, 1972；中村, 1980, 2000；Tsukamoto, 1985, 1986a, 塚本, 1996；松本, 1992；松本・谷口, 1995），土壌病原菌防除（中村, 1994, Nakamura, 1995）等に関与するほか，土壌の熟成にかかわっており（Perel, 1977；Bal, 1982），土壌生態系の中で重要な役割を果たしていることが明らかにされてきた。最近ではキャノワームの名称でミミズによる有機性廃棄物の堆肥化が脚光を浴び，また，ミミズの観察や生態調査は環境教育の一環として学校教育現場にも浸透し始めているなど（藍, 2000），生活と深くかかわりをもつ動物である。しかしながらミミズの研究は決して満足できる状態には達していない。とりわけ，分類学的研究は極めて未成熟であるといわざるをえない。もちろんそれは地域によって一律ではなく，ツリミミズ類の多いヨーロッパでは分類も確立している。しかし，日本ではミミズの既知種の記載が明確でなく，分類・同定が困難である。新種記載等がこの40年以上もの間なされてこなかった事実が示すように，ミミズの分類学的研究は停滞し，そのためにミミズの研究もまた停滞を余儀なくされてきた。とりわけ，フトミミズ属(Family Megascolecidae Genus *Pheretima*)の分類学的研究は世界的に見ても立ち遅れている。

　日本に生息する陸生大型貧毛類の科としてはフトミミズ科（Family Megascolecidae），ツリミミズ科（Family Lumbricidae），ジュズイミミズ科（Family Moniligastridae）の3科があげられる。日本でミミズと言えばツリミミズ科のシマミミズ *Eisenia foetida*），サクラミミズ（*Allolobophora japonica*）が良く知られているが，種数では，フトミミズ科フトミミズ属が95％以上を占めると考えられ，圧倒的な位置を占めている（石塚, 2000a）。

　フトミミズ属の分類が困難であった理由としてはいくつかのものが考えられるが，その最大のものは，決め手となる形質が少ないことである。次に，フトミミズ属の分類に必要な形質をどのようにとらえたらよいのか，及びそれらの形質同士の関連性はどのようであるのかが明らかでなかったこと，また，フトミミズ属は形態変異が多いにもかかわらず，

総合的に形態変異を研究した報告がなかったことも分類が困難であった原因としてあげられる。

　本研究は主として1979-1998年に，東京地域の126カ所に及ぶ調査地より得られた約13,500個体のフトミミズ属75種の形質を基にして，形質と分類及び形質と生活様式の関係を明らかにし，分類・同定や種記載のための分類学的研究を行ったものである。本研究の主要な研究項目は以下の通りである。

（A）手法に関するもの
　① フトミミズ属を分類する上で，生息場所を重要な情報の一つと考え，ミミズを表層，浅層，深層の生息層位別に採集した。出現時季や越年型も手掛かりとなり得る情報があると考え，同一地点で四季を通して採集・観察をした。
　② 一度に多数のミミズを固定処理するためには短時間で手際よく行うことの他に，ホルマリンガスを不用意に吸い込むことを忌避する必要性があった。このため，ホルマリンの揮散を最小限にする固定法を工夫した。

（B）分類の基準に関するもの
　① 分類に役立つ新形質の探索と検討のため，フトミミズ属のあらゆる形質について観察をした。そのうえで，形質同士の相互の関連性，形質と生活様式との関連性を総合的に検討した結果，明らかとなった関連形質を基に既存の形態用語の変更及び新形態用語の定義を明記して設定し，命名した。また，内部形態と外部形態を対応させて観察したことにより初めて明らかとなった各形質の定義を明記して，新しい形態用語を命名し，提案した。
　② 各形質については変異の状態を調べ，変異の幅を明らかにした。従来，個々の種については形態変異の報告もみられたが，多数のフトミミズ属の形質を総合的に検討した報告はなかった。そこで，フトミミズ属として，形質変異はどのようであるのか，形質の安定性はどのようであるのかを明らかにした。
　③ 分類・同定の基準となりうる形質の選定とその優先順位を確定した。また，既存の分類基準の再検討を行い，新たに用いる形質を含めた新分類・同定基準を設定した。

（C）生態と分布に関するもの
　① フトミミズ属には生息層位に基づく棲み分けが認められ，形質と生息層位及び出

現時季，越年型との関連性が明らかになった。
② 標高別に低地，丘陵地，山地に区分して各種ごとに分布を調査したところ，標高によって広域種と狭域種の割合が異なり，また，新種の割合，固有種と考えられるものの分布の状態も異なった。このように，垂直分布と水平分布の間に一定の関係が認められた。

(D) フトミミズ属の分類に関するもの。

東京産フトミミズ属75種を確定し，検索表の作成をした。このうち新種は58種で，51種についてはすでに記載発表をした。この新種記載は石塚の上記の研究による分類基準と新用語設定命名による用語を使用した。

1998年以前の日本産フトミミズ属の既知種には不明確な点が多いため，記載文献等を検討し，シノニムやホモニムの判定を行い，70種の既知種を確定した（Ishizuka 1999a）。さらに，1999年以降のIshizuka(1999b-d, 2000c, d), Ishzuka et al. (2000b)による新種記載種を合わせて，2001年現在における日本産フトミミズ属の既知種124種を確定した。

(E) フトミミズ属の分割に関するもの

フトミミズ属（Genus Pheretima ）は貧毛類の中でも極端に種数の多い大きな属である。しかし，腸盲嚢と他形質及び生活様式との関連性から，腸盲嚢の形態の違いによってフトミミズ属を4（亜）属に分割できることが判明した。

　本論文は，フトミミズ属の形質及び生活様式の研究を基にして，フトミミズ属の分類・同定に必要な形質の検討，種検索表の作成，日本産既知種の再検討，東京産フトミミズ属51種の新種記載等を行い，フトミミズ属の分類・同定や種記載を可能にしようとしたものである。

　この研究から以下のようにフトミミズ属の分類には腸盲嚢が重要な形質であることが明らかになった。腸盲嚢の形態を精査した結果，4型に区分することができた。また，本属は生活様式によって表層種，浅層種，深層種の3型区分ができた。この生活様式3型，腸盲嚢4型及び一年生か越年性かの越年型等の間には関連性が認められ，さらに，これらと他の形質，食性の関連性についても総合的に検討した結果，腸盲嚢が本属の分類に重要な形質であることが明らかになった。こうした事実はすべて新知見であり，ミミズに関する研究の進展に貢献しうるものと考え，ここにとりまとめた。

第2章 資料と方法

2.1 調査地

　フトミミズ各種の生活様式と形質を解明するための調査地は東京全域とその近傍の126カ所に設定した（付表1，付図1）。このうち33カ所ではミミズを定期的に採集した。また，65カ所では降雨時に地上に出現したミミズの採集も行った。フトミミズ属の垂直分布を明らかにするため，調査地を標高別に低地，丘陵地，山地の三区分に分けて検討した。各区分の標高と地域の特性は以下の通りである。

　　低地　：　標高約0-30m　　：都内（23区内）緑地及び緑地公園
　　丘陵地：　標高約30-200 m：多摩地区緑地
　　山地　：　標高約200-2017m：奥多摩山地，高尾山及びその周辺

2.2 方法

2.2.1 採集法

採集は三層に分けて以下のように行った。まず手のひら，または移植ゴテ等で落ち葉，腐葉層及び糞粒等を払いながら採集し（表層），次いで，シャベルで一回土を掘り起こして採集し（浅層：30cm以内），さらにシャベルで掘り進んで採集し（深層：30cm以下），別々に保存した。

採集したミミズはビニール製や布製の袋に入れ，夏期はアイスボックスに袋ごと入れて持ち帰った。アイスボックスを使用した理由は，野外の温度が30℃前後で1時間以上にわたって採集すれば，ミミズがぐったりして弱り，体の環帯前後の一部が膨れたり，くびれたり，さらにくびれた部分より自切したりするためである。ミミズは傷つきやすく，弱ったミミズは観察に適さないので，固定標本にする場合は，可能な限り元気なうちに標本作成に取りかかった。なお，採集時に外部形態から種名を判定できるものは必要事項を確認し，記録してからその場に戻した。

フトミミズ属の出現時季，越年型等を調べる目的で33カ所については定期的に卵包，幼体，亜成体，成体の各ステージを調査，採集した。

フトミミズ属の潜伏層の状態を調べる目的で，採集時に巣孔・穿孔の有無，方向及び地表開口部，孔壁の観察（孔壁は指で触れて崩れやすいものと崩れにくいものに区分）も行った。表層は移植ゴテやピンセット等でミミズの生息場所の落ち葉，腐葉層及び糞粒等を払いながら調べた。土壌層はシャベルで垂直に土中を掘り起こし，移植ゴテやピンセット等で調べた。

体色は採集時，生きた状態で肉眼で判別し記録した。

降雨時に地上に出現するミミズの種を明らかにするために付表－1に示した○地点でミミズを採集した。採集時間は約1時間程度である。

2.2.2 麻酔・固定・解剖法

フトミミズの形態観察では生体時に分かりにくい形態が固定処理によって良く分かるようになる。固定をする前にまずミミズを水洗いして泥等を落とした。次いでミミズをビーカー等の容器に入れ，これに50％以上のエチルアルコールを少量ずつ注ぎ，動かなくなるまで待つかあるいは温湯（40～50℃）に数分程度入れ動かなくなるまで待った。

固定法は下記の要領で行った。

(1) 麻酔で動かなくなったミミズを解剖皿の中の平行に並んだガラス棒の間に真っ直ぐになるようにピンセットで横たえ，このようにして次々とミミズを処理した。

(2) (1)が済んだら，解剖皿の上から全体をラップで覆った。解剖皿の内壁やガラス棒，ミミズ等をぴったりと覆い，これらとラップとの間に隙間がないようにした。

(3) (2)の処理が済んだら解剖皿の角のラップを少し持ち上げ，その部分から少しずつ7～10％ホルマリン液をガラス棒の上面に達するまで注ぎ込み，後は注ぎ込み口をラップでぴったりと覆った。

(4) (3)の処理したものを一晩静置すればミミズは棒状で固定され，保存標本となる。保存液は3～5％のホルマリン液を使用した。また，保存器具は試験管か長い管瓶状のものを使用した。栓はシリコン栓またはゴム栓を使用した。コルク栓はコルクのあくがでてミミズが黒色を呈したり，保存液が少しずつ栓より蒸発するので使用しなかった。ミミズの固定液としてエチルアルコールは使用しなかった。その理由は，エチルアルコールで固定すると組織が硬化し解剖に適さなくなることと，体色が一様に乳白色になることである。

　形態観察には実体顕微鏡のステージ上に置ける大きさのプラスチック製の解剖皿を用意した。解剖用には替刃用メス（サイズは柄3号，刃11号のもの）を使用した。ピンセットは数種類用意し，そのうち一種は先が鋭利になっている刃としての機能もあるものを使用した。このピンセットは顕微鏡下の組織の切開，切除等の処理をしながらの観察に有効で，形態観察には欠かせない。また，フトミミズ属の食性を知るために腸を切開して内部の消化物を観察し，土の色，腐葉物破片の量等を肉眼，実体顕微鏡等で観察した。

2．2．3　形態観察項目

　フトミミズ属の形態観察は下記の項目について外部形態（図2－1）と内部形態（図2－2）共に行い，相互の関連性を重視した。観察した外部形態は体（体長，体幅，体節数，体色），背孔，受精嚢孔，雌性孔，雄性孔，性徴，外部標徴等である。内部形態は消化器系の腸盲嚢，生殖器系の受精嚢，生殖腺，貯精嚢，摂護腺等である。また，各形態の変異性を調べ変異しやすい形態はその基本形態及び変異の状態について調べた。

(1) 外部形態

体長，体幅，体節数等はホルマリン固定したものを測定した。ホルマリン固定をすると生体時の体長より縮まる場合が多い。

体長　：第1体節先端から最後部体節（肛門）末端をノギスで測定した。

体幅　：体は細長い円筒状で環帯（後述）の前後はやや太く，両端近くはやや細いので，環帯直前の第13体節の幅をノギスで測定した。

体節数：第1体節から最後部体節（肛門）までの節数を数えた。

体色　：ホルマリン固定後の体色は変色するので生体時の肉眼で判断したものを体色とした。背面と腹面では体色が異なるので両面を調べた。

環帯（Clitellum）（図2-1 a）

成体にのみ形成されるので，成体，幼体の区別点とした。

剛毛（Setae）（図2-1 b）

フトミミズ科の剛毛は体節中央をほぼ等間隔で一周し，第1体節と最後の体節には存在しない。このような剛毛の特徴は，他科のミミズには存在しない。

背孔（Dorsal pore）（図2-1 c）

背面正中線と体節間溝との交点に存在する。背孔が始まる最初の体節間溝の位置を記録した。

(2) 雄性生殖器系（外部及び内部形態）

精巣（Testis）（図2-2 b）

精巣は第10,11体節の隔膜（後述）下部（腹側）に1対ずつ付着している。

貯精嚢（Spermasac）（図2-2 c）

第11〜12体節内にある嚢状体で消化管を取り巻くように左右に広がって存在する。精巣と連結するが，貯精嚢内に精巣が取り込まれた種もある。輸精管（図2-2 1）は，第18体節まで伸び，摂護腺（後述）（図2-2 f）の導管部に合一している。

雄性孔（Male pore）（図2-1 h）

第18体節腹面剛毛線上に1対存在する。体節内部の摂護腺（後述）（図2-2 f）に連結する導管の開口部である。交接時，雄性孔は突起状のペニスとなって互いに相手の受精嚢孔に挿入する。

摂護腺 (Prostate gland) (図2-2f)

　　環帯のすぐ後方の淡黄色の不規則な形で腹側から腸を抱くようにして存在する。摂護腺は腺体と導管部からなり，導管部の開口部が雄性孔（図2-1h）である。摂護腺は哺乳類の前立腺に相当する。

(3) 雌性生殖器系（外部形態・内部形態）

雌性孔 (Female pore) (図2-1g)

　　第14体節腹面正中線上に1個の小孔として存在する。第13体節内に1対存在する卵巣（図2-2d）に連結する輸卵管（図2-2k）の開口部である。

卵巣 (Ovary) (図2-2d)

　　卵巣は1対で第12/13体節隔膜（後述）の後面腹側に付着して存在する。

受精嚢孔 (Spermathecal pore) (図2-1e)

　　体節内部の次に述べる受精嚢（図2-2a）に連結する導管の開口部。対数及び位置を記録した。

受精嚢 (Spermathecae) (図2-2a)

　　受精嚢は交接で他の個体の精子を産卵時まで貯蔵する嚢で，主嚢（Ampulla）と副嚢（Diverticulum）で構成されるが，主嚢のみの種もある。生殖器官のうちで最も前方にあり，第5-9体節に1対ずつ存在するが，種によって存在位置と対数が決まっている。

(4) その他の形態（外部及び内部形態）

腸盲嚢 (Intestinal caecum) (図2-2h)

　　第27体節の腸の左右両側から前方数体節までを占める膨出部が腸盲嚢である。はたらきは不明である。

性徴 (Genital marking) (図2-1d)

　　体腔内の生殖腺（図2-2j）（後述する囊状の腺体）が導管に導かれて体腔外に開口する部位が性徴である。性徴は受精嚢孔（図2-1e）および雄性孔（図2-1h）付近の腹面に存在する。この両域に存在する種，どちらか一方に存在する種及びどちらの両域にも存在しない種がある。はたらきは不明であるが雌雄の性とは関係ないと考えられる。

生殖腺（Genital gland）（図2-2j）

　　生殖腺は嚢状の腺体部と導管部からなる。はたらきは不明である。

外部標徴（External marking）（図2-1f）

　　外部標徴は周囲と容易に区別される形質で，有彩色紋，深溝及び大臼歯状，及び吸盤状の性徴と同形態であるが，体腔に生殖腺を伴わないものを外部標徴と命名した。従来，内部形態との関連性による観点でとらえていなかったため，この形質は性徴に含まれていた。

隔膜（Septa）（図2-2i）

　　体腔内の体節と体節の境を仕切っている膜状構造物。厚さに注目して観察した。

消化管

　　消化管は第一体節の口から始まり最終体節の肛門までである。消化管の主構成は環帯前部に存在するそ嚢(Crop)，砂嚢(Gizzard)と環帯後部の腸である。

腸（Intestine）（図2-2g）

　　腸が膨大する位置に着目して観察した。

心臓（Lateral heart）（図2-2e）

　　消化管背面に存在する上腸血管の第11-13体節の側枝3対の太い血管と第10体節上腸血管上部に位置する背行血管からの片側のみの側枝の太い血管とからなる。これらの側枝の太い血管は腸を抱くように腹側にすすんで腹行血管かに通じている。この側枝の太い血管が心臓で律動的に収縮し循環系の中心をなしている。この心臓の位置に着目して観察した。

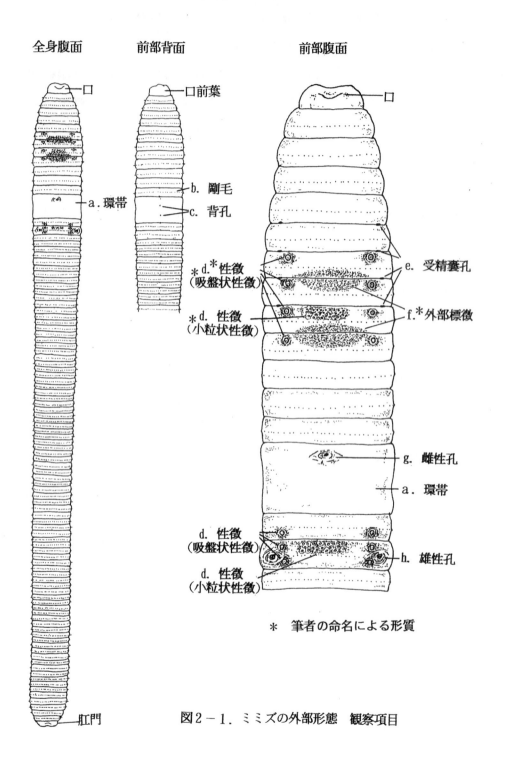

図2-1. ミミズの外部形態 観察項目

内部形態

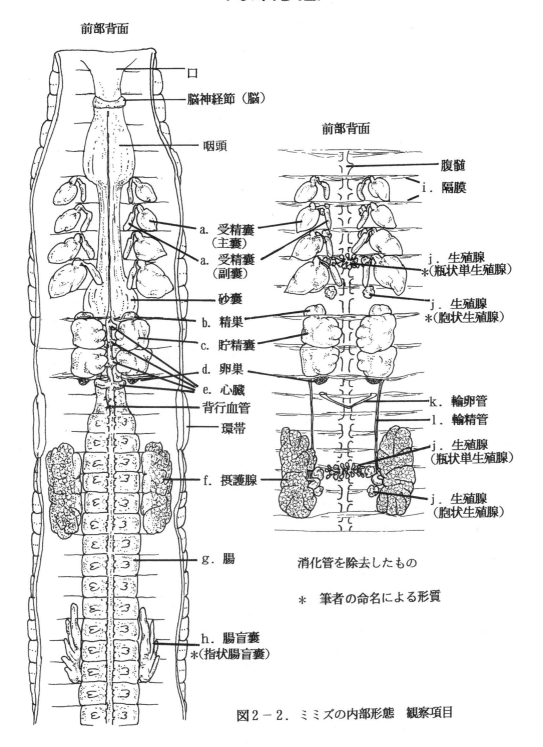

図２−２．ミミズの内部形態　観察項目

第3章　結果

3.1　東京産フトミミズ属75種とその分布

　東京及びその近傍126カ所の採集・調査地点より，各数個体から数百個体を採集した。層位別採集総個体数は表層6,163個体，浅層6,879個体，深層415個体で，合計13,457個体であった。全個体の形質を比較検討した結果75種を確定した（表3-1）。このうち，日本における既知種は16種であった。また，日本初記録種として1種が採集された。新種58種のうち51種についてはIshizuka（1999b-d, 2000c, d），Ishizuka et al.（2000b）が記載発表し，残りの7種については個体数が1-3個体である，あるいは近似種の記載文献が不備である等の理由で種の特定は困難であると判断し，Pheretima sp. 1～7とした。新種記載は検討中である。

表3-1　東京産フトミミズ属75種一覧表（種小名のアルファベット順）

No.	学名	和名	採集地番号	既知種○ 初記録種□
1.	Pheretima agrestis (Goto & Hatai, 1899)	ハタケミミズ	1-65, 72-90	○
2.	P. alpestris Ishizuka, 1999	カラマツミミズ	69	
3.	P. aokii Ishizuka, 1999	アオキミミズ	1-3, 6-8, 19-20, 23-31, 34-38, 91	
4.	P. argentea Ishizuka, 1999	ギンイロミミズ	91	
5.	P. atrorubens Ishizuka, 1999	タカオミミズ	82-91	
6.	P. autamunalis Ishizuka, 1999	アキミミズ	22, 24	
7.	P. bigibberosa Ishizuka, 1999	タニマミミズ	43, 44	
8.	P. bimaculata Ishizuka, 1999	ハンモンミミズ	66	
9.	P. carnosa (Goto & Hatai, 1899)	ヨコハラトガリミミズ	10	○
10.	P. communissima (Goto & Hatai, 1898)	フツウミミズ	6, 8, 14, 22, 28-30	○
11.	P. conformis Ishizuka, 1999	オオダマミミズ	43, 44	
12.	P. confusa Ishizuka, 1999	バラツキミミズ	42, 64	
13.	P. conjugata Ishizuka, 1999	イッツイミミズ	47	
14.	P. disticha Ishizuka, 2000	ニレツミミズ	43, 44, 48, 52-55, 61-63	
15.	P. divergens (Michawlsen, 1892)	セグロミミズ	5-9, 14-20, 22-38, 86-89	○
16.	P. dura Ishizuka, 1999	ハガネミミズ	46, 47, 50-51, 56-76	
17.	P. edoensis Ishizuka, 1999	ミカドミミズ	1	
18.	P. elliptica Ishizuka, 1999	イチョウミミズ	6	
19.	P. flavida Ishizuka, 2000	キオビミミズ	91	
20.	P. florea Ishizuka, 1999	コガタミミズ	65	
21.	P. fulva Ishizuka, 2000	カッショクフトミミズ	22	
22.	P. heteropoda (Goto & Hatai, 1898)	ヘンセイミミズ	1-47, 73-84, 90, 91	○
23.	P. hiberna Ishizuka, 1999	フユミミズ	46	
24.	P. hilgendorfi (Michawlsen, 1892)	ヒトツモンミミズ	2-66, 71-91	○
25.	P. hinoharaensis Ishizuka, 2000	ヒノハラミミズ	58, 72	
26.	P. hupeiensis (Michawlsen, 1895)	クソミミズ	1-3, 6-12, 14-38, 85-88	○
27.	P. hypogae Ishizuka, 1999	ジングウミミズ	2, 4, 6	
28.	P. iizukai (Goto & Hatai, 1899)	イイヅカミミズ	26-27, 32-38, 41-91	○
29.	P. imajimai Ishizuka, 1999	イマジマミミズ	4	

30.	*P. imperfecta* Ishizuka, 1999	フカンゼンミミズ	91	
31.	*P. invisa* Ishizuka, 2000	コツブミミズ	46	
32.	*P. irregularis* (Goto & Hatai, 1898)	フキソクミミズ	1-91	○
33.	*P. lactea* Ishizuka, 2000	タンショクミミズ	32, 66	
34.	*P. maculosa* Hatai 1930	マダラミミズ	6	○
35.	*P. masatakae* (Beddard, 1892)	フタツボシミミズ	1, 5, 6, 11	○
36.	*P. megascolidioides* (Goto & Hatai, 1899)	ノラクラミミズ	1, 6, 10	○
37.	*P. micronaria* (Goto & Hatai, 1898)	ヒナフトミミズ	2, 3, 6, 8, 14-45	○
38.	*P. mitakensis* Ishizuka, 2000	ミタケミミズ	42-44	
39.	*P. montana* Ishizuka, 1999	ヤマミミズ	46-51	
40.	*P. monticola* Ishizuka, 2000	サンロクミミズ	46-51	
41.	*P. mutabilis* Ishizuka, 2000	ヘンイミミズ	91	
42.	*P. nigella* Ishizuka, 1999	クロボクミミズ	1	
43.	*P. nipparaensis* Ishizuka, 2000	ニッパラミミズ	47-67,	
44.	*P. nubicola* Ishizuka, 2000	ミヤマミミズ	46-65	
45.	*P. octo* Ishizuka, 2000	ハチノジミミズ	1, 3, 5-7	
46.	*P. okutamaensis* Ishizuka, 1999	シマヒビミミズ	43, 46-65, 71-73	
47.	*P. parvola* Ishizuka, 2000	チッチミミズ	1	
48.	*P. phasela* Hatai, 1930	イロジロミミズ	2, 5, 6, 32-38, 47, 48, 56	○
49.	*P. pingi* Chen, 1936	カッショクシマフトミミズ	6	□
50.	*P. purpurata* Ishizuka, 1999	ニジイロミミズ	42-51, 91	
51.	*P. quintana* Ishizuka, 1999	ゴツイミミズ	42-65, 71-73	
52.	*P. rufidula* Ishizuka, 2000	コカゲミミズ	91	
53.	*P. schmardae* (Horst, 1883)	キクチミミズ	1-3, 6-10, 15-38	○
54.	*P. semilunaris* Ishizuka, 2000	ハンゲツミミズ	47-51	
55.	*P. setosa* Ishizuka, 2000	サクラミフトミミズ	1	
56.	*P. silvatica* Ishizuka, 1999	ダイボサツミミズ	65	
57.	*P. silvestris* Ishizuka, 2000	シンリンミミズ	46-56	
58.	*P. stipata* Ishizuka, 1999	ソラマメミミズ	3, 5, 6	
59.	*P. striata* Ishizuka, 1999	ホソスジミミズ	3, 42-44, 87, 89, 72	
60.	*P. subalpina* Ishizuka, 2000	シマオビフトミミズ	32-38	
61.	*P. subrotunda* Ishizuka, 2000	エンケイミミズ	46-56	
62.	*P. subterranea* Ishizuka, 2000	コミチミミズ	47-56, 59-63	
63.	*P. surcata* Ishizuka, 1999	ケイコクミミズ	42-63	
64.	*P. tamaensis* Ishizuka, 1999	タマミミズ	1, 6, 22-24	
65.	*P. turgida* Ishizuka, 1999	オオフサミミズ	91	
66.	*P. verticosa* Ishizuka, 1999	ミネダニミミズ	46-63	
67.	*P. vittata* (Goto & Hatai, 1898)	フトスジミミズ	1-91	○
68.	*P. umbrosa* Ishizuka, 2000	ヒカゲミミズ	46-63	
69.	*P.* sp. 1	Kumotori-4	68, 69	
70.	*P.* sp. 2	Kumotori-1	68, 69	
71.	*P.* sp. 3	Mitake-16	43	
72.	*P.* sp. 4	Takao-11	90, 91	
73.	*P.* sp. 5	Kokyo 1	1	
74.	*P.* sp. 6	Kokyo-6	1, 22, 23, 34, 90	
75.	*P.* sp. 7	Asakayama	8	

表3-2は低地，丘陵地，山地の3区分で採集した75種の垂直分布を表したものである。山地には東京産フトミミズ属75種のうち52種が分布し，そのうち山地のみに分布する種は39種で，全種が新種（Ishizuka, 1999b-d, 2000c, d), Ishizuka et al. (2000b)）であった。また，丘陵地のみに分布する種は3種で全種が新種，低地のみに分布する種は14種で8種が新種，1種が日本初記録種であった。低地と丘陵地および丘陵地と山地の二区分に分布する種については，新種の割合はそれぞれ50％であった。低地から山地までの全てに分布する種は10種であり，そのうち新種は1種で，山地，丘陵地，低地のそれぞれの一区分のみにおける新種の割合から見るとかなり低かった。以上の結果をとりまとめたものを表3-3に示した。

表3-2　東京産フトミミズ属75種の垂直分布（標高）　　　○：既知種

「低地から山地までに分布する種」：10種
- ○ *Pheretima agrestis* ハタケミミズ
- ○ *P. divergens* セグロミミズ
- ○ *P. hilgendorfi* ヒトツモンミミズ
- ○ *P. micronaria* ヒナフトミミズ
- *P. striata* ホソスジミミズ
- *P. aokii* アオキミミズ
- ○ *P. heteropoda* ヘンイセイミミズ
- *P. irregularis* フキノクミミズ
- *P. phasela* イロジロミミズ
- ○ *P. vittata* フトスジミミズ

「低地のみに分布する種」：15種
- ○ *P. carnosa* ヨコハマトガリミミズ
- *P. elliptica* イチョウミミズ
- ○ *P. maculosa* マダラミミズ
- ○ *P. megascolidioides* ノラクラミミズ
- *P. octo* ハチノジミミズ
- *P. pingi* カッショクシマフトミミズ
- *P. stipata* ソラマメミミズ
- *P. sp. 7* Askayama
- *P. edoensis* ミカドミミズ
- *P. hypogae* ジングウミミズ
- ○ *P. masatakae* フタツボシミミズ
- *P. nigella* クロボクミミズ
- *P. parvola* チッチミミズ
- *P. setosa* サクラミフトミミズ
- *P. sp. 6* Kokyo-6

「低地と丘陵地に分布する種」：6種
- ○ *P. communissima* フツウミミズ
- *P. imajimai* イマジマミミズ
- *P. tamaensis* タマミミズ
- ○ *P. hupeiensis* クソミミズ
- ○ *P. schmardae* キクチミミズ
- *P. sp. 5* Kokyo-1

「丘陵地のみに分布する種」：3種
- *P. autamunalis* アキミミズ
- *P. subalpina* シマオビフトミミズ
- *P. fulva* カッショクフトミミズ

「丘陵地と山地に分布する種」：2種
- ○ *P. iizukai* イイヅカミミズ
- *P. lactea* タンショクミミズ

「山地のみに分布する種」：39種
- *P. alpestris* カラマツミミズ
- *P. atrorubens* タカオミミズ
- *P. bimaculata* ハンモンミミズ
- *P. confusa* バラツキミミズ
- *P. disticha* ニレツミミズ
- *P. flavida* キオビミミズ
- *P. hiberna* フユミミズ
- *P. argentea* ギンイロミミズ
- *P. bigibberosa* タニマミミズ
- *P. conformis* オオタマミミズ
- *P. conjugata* イツツイミミズ
- *P. dura* ハガネミミズ
- *P. florea* コガタミミズ
- *P. hinoharaensis* ヒノハラミミズ

P. imperfecta	フカンゼンミミズ	P. invisa	コツブミミズ
P. mitakensis	ミタケミミズ	P. montana	ヤマミミズ
P. monticola	サンロクミミズ	P. mutabilis	ヘンイミミズ
P. nipparaensis	ニッパラミミズ	P. nubicola	ミヤマミミズ
P. okutamaensis	シマチビミミズ	P. purpuratga	ニジイロミミズ
P. quintana	ゴツイミミズ	P. rufidura	コカゲミミズ
P. semilunaris	ハンゲツミミズ	P. silvatica	ダイボサツミミズ
P. silvestris	シンリンミミズ	P. subrotunda	エンケイミミズ
P. subterranea	コミチミミズ	P. surcata	ケイコクミミズ
P. turgida	オオフサミミズ	P. verticosa	ミネダニミミズ
P. umbrosa	ヒカゲミミズ	P. sp. 1	Kumotori-4
P. sp. 2	Kumotori-1	P. sp. 3	Mitake-16
P. sp. 4	Takao-11		

表3-3 東京産フトミミズ属75種の各区域分布状況と新種の割合

区分	種数	新種数	新種の割合(%)
低地から山地までの分布	10	2	20
低地（都内緑地）のみ分布	15	10(1)	67
低地と丘陵地に分布	6	3	50
丘陵地（多摩地区）のみ分布	3	3	100
丘陵地と山地に分布	2	1	50
山地（奥多摩山地）のみ分布	39	39	100
種数計	75	58(1)	77

（ ）内の数字は日本初記録種の種数を示す。

3.2 形質

　これまで，フトミミズ属（Genus Pheretima）の分類の基準となる形質は明確でなく，そのうえ形質には変異が多いため，フトミミズ属の分類には困難を余儀なくされていた。したがって，分類の基準となる形質を確定し，変異の幅を確認することが必要であると考え，外部形態と内部形態の関連性，各形質同士の関連性及び各形質の変異性を検討した。その結果，腸盲嚢，性徴，生殖腺の3形質と変異性，体型及び生活様式との間には関連性があることが判明し，この3形質は日本産フトミミズ属の分類基準における重要な形質であると判断した。その他，分類に必要な形質として十数種類の形質をあげることができる。主として上記の3形質と受精嚢孔数（対数），受精嚢の形状等を基に日本産フトミミズ属の分類基準を設定した。なお，フトミミズ属の種の分類では外部形態と内部形態の観察が必要であるが，多くの種類のミミズの外部形態を把握していれば，記載種で成熟個体の場合には外部形態だけで種の同定が可能である。

3.2.1 腸盲嚢（Intestine caecum）（図2-2h）

　腸盲嚢は従来，重要視されておらず，形態の相違は注目されていなかった。しかし，形質同士の関連性を重視した結果，分類上重要な形態であることが判明した。表3-4のように腸盲嚢を4型に区分し，それぞれに命名を行った。図3-1は腸盲嚢4型の各形態を図示したものである。

表3-4　腸盲嚢4型

腸盲嚢の型	特徴
突起状型 （Simple type）	全体の形態は角のように先端が細くなる1本の突起状である。突起の縁は滑らかで，隔膜がある部分は多少くびれ込みがみられる。
鋸歯状型 （Serrate type）	全体の形態は突起状型と似ているが突起の縁は滑らかな部分と中ほどから先端にかけて鋸歯状，小コブ（小突起）状または深い切れ込み状等が列をなして並んでいる部分とからなる。鋸歯状部分は背面にある種，腹面にある種，両側にある種等決まっている。
指状型 （Manicate type）	小突起が3〜10本並び，全形はヒトの指に似ている。この小突起は背面に近いものほど長く，腹面に向かうほど短くなる。小突起の数は少ない種，多い種がある。
多型状型 （Multiple type）	膨出部の側面や基部からそれぞれ5〜9本の小突起が並び，全体が複雑な形態となる。

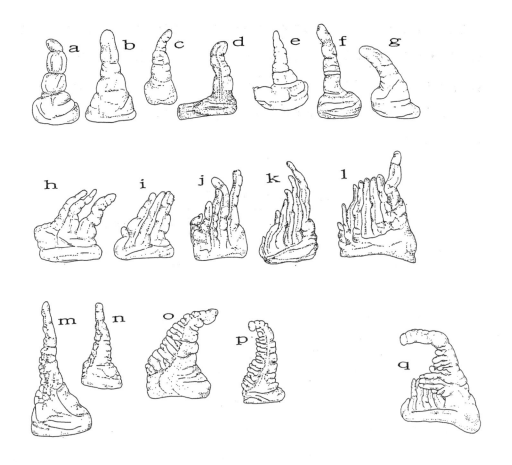

図3-1　腸盲嚢の四型

a - g　突起状型（Simple type）

    a. *P. subrotunda* エンケイミミズ　b. *P. disticha* ニレツミミズ　c. *P. rufidula* コカゲミミズ
    d. *P. tamaensis* タマミミズ　e. *P. lactea* タンショクミミズ　f. *P. elliptica* イチョウミミズ
    g. *P. qasemilunaris* ハンゲツミミズ　　腸盲嚢は隔膜を貫く部分はくびれることが多い。

h - l　指状型（Manicate type）

    h. *P. verticosa* ミネダニミミズ　i. *P. silvatica* ダイボサツミミズ　j. *P. conjugata* イツツイミミズ
    k. *P. aokii* アオキミミズ　l. *P. striata* ホソスジミミズ
    指の数の多少は種により決まっているが，数の変異はある。

m - p　鋸歯状型（Serrate type）

    m. *P. imajimai* イマジマミミズ　n. *P. confusa* バラツキミミズ　o. *P. dura* ハガネミミズ
    p. *P. montana* ヤマミミズ

q　多型状型（Multiple type）

    q. *P. megascolidioides* ノラクラミミズ

表3-5は東京産フトミミズ属75種の腸盲嚢4型の各種数を表したものである。腸盲嚢が突起状であるものは約50％，鋸歯状と指状であるものはそれぞれ約25％であった。腸盲嚢を欠く個体はみられず，安定した形態であった。腸盲嚢の変異については指状のものでは本数の変異がみられ，鋸歯状のものでは全体の大きさおよび鋸歯の数や大きさに変異がみられた。

表3-5 東京産75種の腸盲嚢4型の分布

	突起状	鋸歯状	指状	多型状	種数計
種数	35	20	19	1	75

3.2.2 受精嚢孔（Spermathecal pore）（図2-1e）と受精嚢（Spermathecae）（図2-2a）

受精嚢孔は，肉眼で明瞭に確認できる種，体節間溝を押し広げルーペや実体顕微鏡で確認できる種，実体顕微鏡でも不明瞭である種があり，このような種は内部解剖により，受精嚢を調べ，受精嚢孔対数とした。受精嚢孔対数は受精嚢対数でもある。存在位置は第4-9体節間溝の体側にあり，種によって位置や対数は決まっていた。形態は，ほぼ円形・だ円形・及び体節間溝に沿って生じた横裂構造等のものがみられた（図3-2）。東京産75種では表3-6示した通り0～5対で，そのうち4対である種が約半数以上を占めていた。受精嚢孔対数と体長との関係は認められなかった。

東京産フトミミズ属では受精嚢孔の位置（表3-7）の変異はみられなかったが，対数は5種で変異がみられ（表3-8），70種で変異はみられなかった。表3-8より，対数の変異はフキソクミミズ（P.irregularis）は体節間溝6/7/8に2対であるものがわずか15％で，全欠は42％の高率であり，フトスジミミズ（P.vittata）では体節間溝6/7/8に2対29％，全欠は16％であった。受精嚢はシャベル状や袋状の主嚢（Ampulla）と円筒状や球状の副嚢（Diverticulum）とからなるが，副嚢を保有しない種（図3-3，表3-9）は75種中11種に達した。受精嚢の形態は種によって一定であるが，形態変異として受精嚢が導管部のみで嚢状部を欠く個体及び受精嚢そのものを欠く種もみられた（図3-4）。これらの変異が高率となっている種もあったが，主嚢と副嚢の形態は安定している種の方が多かった。また，複数の受精嚢を有する種では大きさが前対ほど小さく，後対のものほど大きくなる傾向が認められる種が多かった。主嚢と副嚢の形態は

形態等が異なったり，成熟個体でもそれぞれの嚢状部の形，大きさ，厚さ等が異なる場合が多かった。

表3-6　東京産フトミミズ属 75種の受精嚢孔各対数の種数

対数	0	1	2	3	4	5
種数	1	1	18	11	42	2
率(%)	1	1	24	15	56	3

表3-7　東京産フトミミズ属75種の受精嚢孔対数とその位置

対数	位置	種数	対数	位置	種数
0	0	1	3	5/6/7/8	4
1	6/7	1		6/7/8/9	7
2	5/6/7	2	4	5/6/7/8/9	42
	6/7/8	13			
	7/8/9	3	5	4/5/6/7/8/9	2

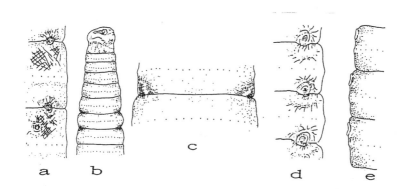

図3-2　受精嚢孔
a．*P. surcata* ケイコクミミズ　ほぼ円形で肉眼にて明瞭に確認できる。腹面体側
b．*P. bigibberosa* タニマミミズ　横裂構造で肉眼にて明瞭に確認できる。腹面体側
c．*P. conjugata* イツツミミズ　ほぼ円形で肉眼にて明瞭に確認できる。腹面体側
d．*P. hinoharaensis* ヒノハラミミズ　吸盤状性徴の下部に受精嚢孔が存在するが，体節間溝を押し広げなければ確認できない。　腹面体側
e．*P. divergens* セグロミミズ　体節間溝を押し広げなければ確認できない。腹面体側
　このような種は多い。

表3-8 東京産フトミミズ属における受精嚢孔の数の変異性に富む5種

種名	調査個体数	受精嚢孔 存在位置・対数	個体数	割合
イッツイミミズ P. conjugata	9	6/7・1対	2	22 %
		6/7・片側1	4	45 %
		0・全欠	3	33 %
フトスジミミズ P. vittata	56	6/7/8・2対	16	29 %
		6/7・1対, 7/8・片側1	0	7 %
		6/7・片側1, 7/8・1対	4	
		6/7・1対	2	21 %
		6/7/8・各片側1対	10	
		6/7・片側1	9	27 %
		7/8・片側1	6	
		0：全欠	9	16 %
フキソクミミズ P. irregularis	82	6/7/8・2対	12	15 %
		6/7・1対, 7/8・片側1	5	7 %
		6/7・片側1, 7/8・1対	1	
		6/7・1対	10	23 %
		7/8・1対	4	
		6/7/8・各片側1対	5	
		6/7・片側1	6	13 %
		7/8・片側1	5	
		0：全欠	34	42 %
ジングウミミズ P. hypogaea	12	6/7/8/9・3対	7	58 %
		6/7・片側1, 7/8/9・各1対	4	33 %
		7/8/9・各1対	1	9 %
カッショクシマフトミミズ P. fulva	14	5/6/7/8/9・4対	11	79 %
		5/6・片側1, 6/7/8・各1対	2	14 %
		6/7/8/9・各片側1	1	7 %

表3-9　東京産フトミミズ属75種における受精嚢構成

受精嚢構成	主嚢と副嚢	主嚢のみ（副嚢無）	種数計
種数計	64	11	75

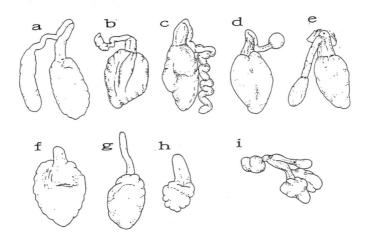

図3-3　受精嚢

　主嚢と副嚢からなる受精嚢
　　a．*P. lactea* タンショクミミズ　　b．*P. subalpina* シマフトミミズ
　　c．*P. bimaculata* ハンモンミミズ　　d．*P. elliptica* イチョウミミズ
　　e．*P. hinoharaensis* ヒノハラミミズ

　主嚢のみで副嚢をもたない受精嚢
　　f．*P. octo* ハチノジミミズ　　g．*P. stipata* ソラマメミミズ
　　h．*P. semilunaris* ハンゲツミミズ　　i．*P. conjugata* イッツイミミズ

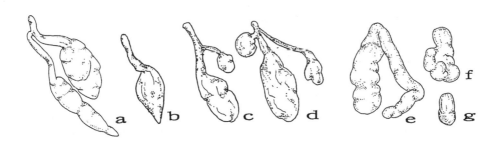

図3-4　受精嚢の変異

　a-d．*P. irreguralis* フキソクミミズ　a．正常　b．副嚢を欠く　c, d．変異受精嚢
　e-g．*P. hiberna* フユミミズ　e．正常　f．副嚢を欠く　g．副嚢、主嚢嚢状部欠

3.2.3 性徴（Genital markings）（図2－1d）と生殖腺（Genital glands）（図2－2j）

性徴は腹面に存在し，従来，性的乳頭，性的乳頭状突起，生殖乳頭，生殖突起という名称で使用されていたが，このはたらきは不明であることより既存の名称を再検討した結果，従来から使用している名称の頭部分の漢字と外部形態で標徴ともなる形質であることより，性徴と命名した形質である(Ishizuka, 1999b)。東京産75種における性徴の有無については表3－10の通りである。また，性徴を保有する57種におけるその存在位置については表3－11の通りである。性徴は，生殖腺等の形質同士の関連性を重視した結果，大きく2型に区分できることが判明し，小粒状型(Papilla type)，吸盤型(Sucker type)と命名した。性徴は成体・亜成体で観察されるが，幼体ではっきり確認できる種も多かった。性徴（図3－5，6，7）は単独で存在したり，集合・並列していたりして，種同定ではこれらの存在状態は重要である。しかし，種によっては，雄性孔と同形同大で外観からは区別が困難である場合（図3－11・m），雄性孔は保有せず，その位置に性徴が存在する場合がみられた（図3－6・s）。しかし，どの種でもその存在位置や数の変異がみられ，その変異が高率であるか低率であるかのどちらかであった。吸盤型では大から小までの大きさのものがあるが，種によって大きさは決まっていた。小粒状型の大きさは一定であった。また，小粒状の性徴が数個〜多数一カ所に集中し，全体として円形〜卵円形等の目立った特徴的な形態を呈する性的斑紋(Genital patch)と呼ばれる形態となったものを持つ種（図3－7）もあった。

表3－10 東京産フトミミズ属75種における性徴の有無（成体）

性徴	有	無	種数計
種数計	52	23	75

表3－11 東京産フトミミズ属75種のうち，性徴を保有する52種における性徴の位置

性徴の存在位置（体節）	環帯前部 (6-10)	環帯前後部 (5-10, 17-19)	環帯後部 (17-19)	環帯後部 (19-27)	種数計
種数計	4	28	14	6	52

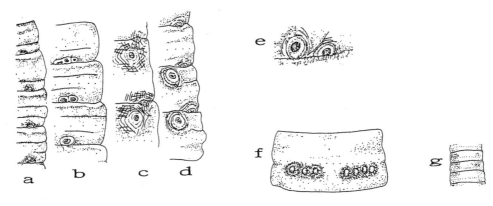

図3-5 受精嚢孔域の性徴
a-e 吸盤状性徴
 a. P. fulva カッショクフトミミズ 体節間溝に一部だけみえる性徴。体節側面。
 b. P. imajimai イマジマミミズ 体節間溝に一部だけみえる性徴。体節側面。
 c. P. verticosa ミネダニミミズ 体節腹面。吸盤状性徴の中央部は陥没状である。
 d. P. pingi カッショクシマフトミミズ 体節腹面と体節間溝の性徴は一部だけみえる。
 e. P. subalpina シマオビフトミミズ 体節間溝に接する吸盤状性徴。

f-g 小粒状性徴
 f. Pheretima sp.2 小粒状性徴。体節腹面。
 g. P. bimaculata ハンモンミミズ 小粒状性徴。体節腹面。

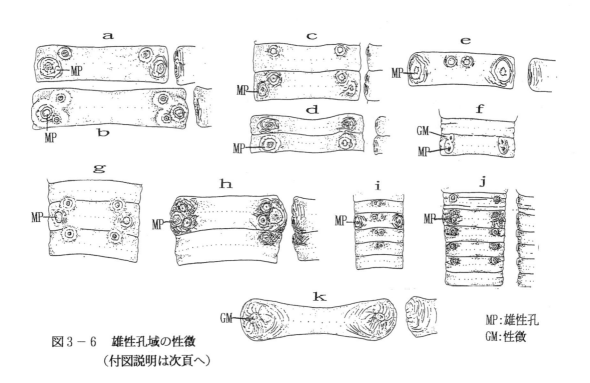

図3-6 雄性孔域の性徴
　　（付図説明は次頁へ）

MP:雄性孔
GM:性徴

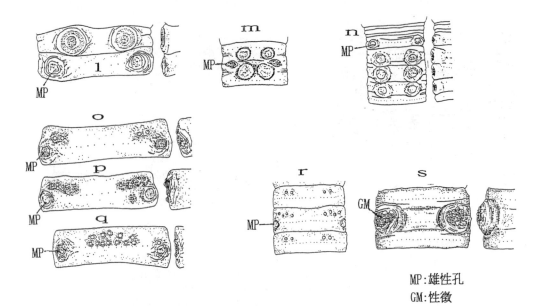

図3-6 雄性孔域の性徴

a-n 吸盤状性徴

a. P. purpurata ニジイロミミズ　b. P. verticosa ミネダニミミズ
c. P. confusa バラツキミミズ　d. P. dura ハガネミミズ　e. P. disticha ニレツミミズ
f. P. octo ハチノジミミズ　g. P. hinoharaensis ヒノハラミミズ　h. P. pingi カッショクシマフトミミズ
i. P. disticha ニレツミミズ　j. P. mutabilis ヘンミミズ
k. P. okutamaensis オクタマミミズ　雄性孔の位置に吸盤状性徴が雄性孔を覆いかくす様にして存在。雄性孔は吸盤状性徴の下に存在する。

l-n 大型吸盤状性徴

l. P. conformis オオタマミミズ　m. P. tamaensis タマミミズ　n. P. lactea タンショクミミズ

o-s 小粒状性徴

o. P. surcata ケイコクミミズ　p. Pheretima sp.2　q. P. purpurata ニジイロミミズ
r. P. silvatica ダイボサツミミズ
s. P. aokii アオキミミズ　雄性孔の位置に小粒状性徴が多数集合。雄性孔は無し。

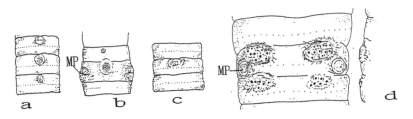

図3-7 性的斑紋（小粒状性徴が集合し全体が斑紋状となる）

a-c. P. hilgendorfi ヒトツモンミミズ　a, b. 受精嚢孔域の性的斑紋。
　　c. 雄性孔域の性的斑紋（雄性孔を保有する個体のみにみられる。）
d. P. bimaculata ハンモンミミズ　雄性孔域の性的斑紋

表3-12は東京産75種のうち，性徴が吸盤状型である種の平均的変異を，表3-13は性徴が小粒状型である種の平均的変異を示したものである。

表3-12 イマジマミミズ（Pheretima imajimai）の性徴（吸盤状型）の位置，数の変異

No.	環帯前部体節			環帯後部体節		
	第7	第8	第9	第17	第18	第19
1	3対	2対	左側1と右側2	0	1対	0
2	1対	1対	0	0	片側1	0
3	1対	1対	1対	1対	1対	片側1
4	1対	片側1	1対	0	1対	0
5	片側1	1対	1対	0	1対	0
6	1対	2対	1対	0	1対	0
7	1対	1対	0	0	1対	0
8	1対	1対	0	0	1対	0
9	片側1	片側1	片側1	0	1対	0
10	片側1	1対	1対	0	1対	0

表3-13 ダイボサツミミズ（Pheretima silvatica）の性徴（小粒状型）の位置，数の変異

No.	環帯前部体節		環帯後部体節			
	第7	第8	第17	第18	第19	第20
1	0	1対	3対	4対	2対	0
2	0	1対	2対	4対	2対	0
3	1対	1対	3対	4対	3対	片側1
4	1対	1対	2対	3対	2対	0
5	0	1対	3対	3対	3対	0
6	0	1対	3対	2対	3対	0
7	0	1対	2対	2対	2対	0
8	0	1対	2対	3対	2対	0
9	0	1対	2対	3対	3対	1対
10	0	1対	0	3対	1対	片側1

生殖腺は従来は重要視されておらず，形態の相違も注視されていなかった。しかし，表3-14に示すように性徴との関連性が認められたので，図3-8の3型に区分できることが判明した。瓶状生殖腺の2型の性徴は小粒状型，胞状生殖腺の性徴は吸盤状型の関連性が認められた。

受精嚢域および雄性孔域に存在するが，この両領域に存在する種，どちらか一方の域に存在する種及び両域に存在しない種があった。表3-15は東京産フトミミズ属75種における生殖腺3型の各種数を表しているが，胞状生殖腺型が約80％を占めていた。生殖腺はどの種でもその存在位置や数及び形態変異が多い形質であった。

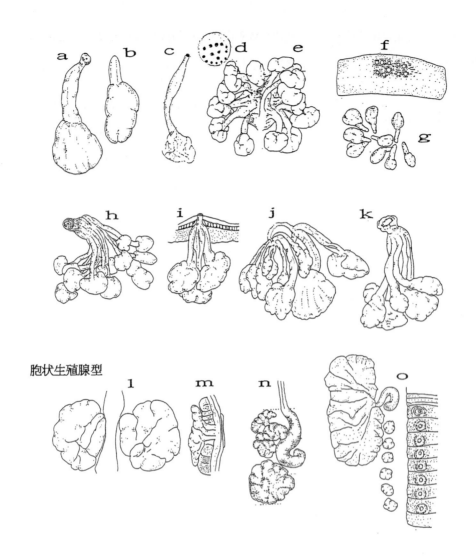

図 3-8　生殖腺の 3 型

a-g　瓶状単生殖腺
　　a．*P. surcata* ケイコクミミズ　　　　b．*P. aokii* アオキミミズ
　　c-e．*P. hilgendorfi* ヒトツモンミミズ　f, g．*P. purpurata* ニジイロミミズ
　　dは集合した性徴（性的斑紋）で、eはその内部の集合した瓶状単生殖腺。1つの小粒状性徴に1つの瓶状単生殖腺が連結する。fは並列小粒状性徴でgはその内部の集合した瓶状単生殖腺である。

h-k　瓶状複生殖腺
　　h．*P. bigibberosa* タニミミズ　　　　i．*P. surcata* ケイコクミミズ
　　j．*P. verticosa* ミネダニミミズ　　　　k．*P. quintana* ゴツイミミズ

l-o　胞状生殖腺
　　l, m．*P. comformis* オオタマミミズ　　mはlの断面。
　　n．*P. tamaensis* タマミミズ　摂護腺を欠く雄性孔域の胞状生殖腺
　　o．*P. dura* ハガネミミズ　雄性孔後方に続く、吸盤状性徴内部の胞状生殖腺

表3-14 生殖腺3型とその特徴

生殖腺の型	特徴
瓶状単生殖腺 Capusalogenous gland	1つの性徴に1つの生殖腺が付随する。生殖腺は腺体と導管部からなり，導管部は体壁より体腔内へ突出するため腺体は体壁に接しない。性徴の型は小突起状である。
瓶状複生殖腺 Capusalogenous glands	1つの性徴に付随する導管や腺体が分岐し，複数の生殖腺を保有する。生殖腺は腺体と導管部からなり，導管部は体壁より体腔内へ突出する。性徴の型は小突起状である。
胞状生殖腺 Glandular mass	1つの性徴に1つの生殖腺が付随する。生殖腺は腺体と導管部からなり，導管部は体壁の厚さと同じであるため腺体は体壁に接する。性徴の型は吸盤状である。

表3-15 東京産フトミミズ属75種における生殖腺各3型の種数

生殖腺の型	瓶状			胞状生殖腺	無	種数計
	単生殖腺	複生殖腺	単・複生殖腺			
種数計	5	5	6	35	24	75

3.2.4 外部標徴(External markings) (図2-1f)

　従来この形質には注目されておらず，用語もなかった。しかし，フトミミズ属の分類ではこの形質は重要であるとの判断より，外部標徴(External markings)と命名された（Ishizuka, 1999a ）。この形質を保有する種は東京産75種のうち，有彩色紋3種，深溝1種，吸盤状（無生殖腺）形態4種，大臼歯状で種の計8種（図3-9，表3-16）であり，他の67種は保有しなかった。

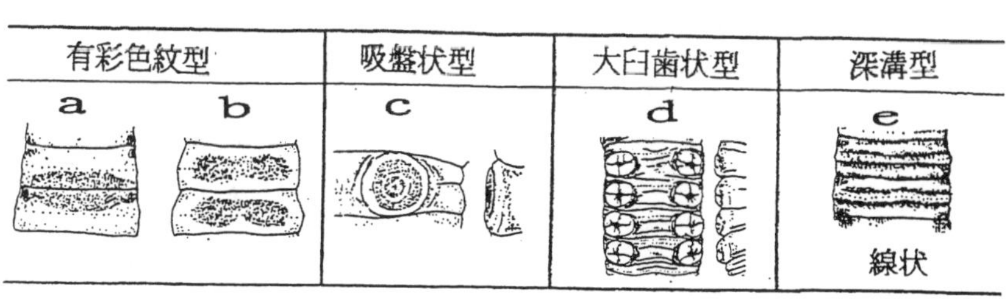

有彩色紋型		吸盤状型	大臼歯状型	深溝型
a	b	c	d	e
				線状

図3-9 外部標徴
　a. P. purpurata　ニジイロミミズ　腹面の淡茶褐色有彩色紋型の外部標徴。
　b. P. agrestis　ハタケミミズ　腹面の淡茶褐色有彩色紋型の外部標徴。
　c. P. comformis　オオダマミミズ　大吸盤状型の外部標徴，内部には生殖腺無。
　d. P. turgida　オオフサミミズ　腹面体節に突出した大吸盤状（臼歯状）型の外部標徴。
　e. P. striata　ホソスジミミズ　腹面の肉色有彩色紋型の外部標徴と深溝型の外部標徴。

表3-16 東京産フトミミズ属75種における外部標徴を保有する9種（成体）

種名	外部標徴			
	有彩色紋	深溝	吸盤状	大臼歯状
ハタケミミズ (P. agrestis)	○			
ホソスジミミズ (P. striata)	○	○		
ニジイロミミズ (P. purpurata)	○			
イマジマミミズ (P. imajimai)			○	
ソラマメミミズ (P. stipata)			○	
タカオミミズ (P. atrorubens)			○	
オオダマミミズ (P. conformis)			○	
ノラクラミミズ (P. megascolidioides)			○	
オオフサミミズ (P. turgida)				○

　ハタケミミズ (P. agrestis) の有彩色紋では，数，位置の変異がみられた（表3-17）。ハタケミミズの外部形態で標徴となる形質であり，ある程度成長した幼体でもはっきり確認できる個体もあった。外部標徴と性徴の両形質の有無では，性徴は保有するが外部標徴は保有しない種が50種で一番多く，外部標徴のみ保有7種，両方保有する種はわずか2種，両方とも保有しない種数は16種であった（表3-18）。

表3-17 ハタケミミズ (P. agrestis) 75個体の有彩色紋の数と位置の変異

型	体節（腹面）						個体数
	第4	第5	第6	第7	第8	第9	
1型	○	○	○	○	○		3
2型	○	○	○				14
3型		○	○	○	○		2
4型		○	○	○	○	○	2
5型			○	○			4
6型				○	○		18
7型				○			32
個体数計							75

表3-18 フトミミズ属75種の性徴と外部標徴の有無

性徴	外部標徴	種数
有	有	2
有	無	50
無	有	7
無	無	16
種数計		75

3.2.5 雄性孔（male pores）（図2-1h）と精巣（Testis）（図2-2b），貯精嚢（Seminal vesicles）（図2-2c），摂護腺（Prostate glands）（図2-2f）

　雄性孔は肉眼にて簡単に確認できる。雄性孔の形態は，表皮より盛り上がり，全体として円形・卵形または突起状等いろいろであるが，中には表皮より落ち込んで円形陥没状となっている種（図3-10），性徴（Genital markings）と同形（図3-11, m, o, p）で，外形からは両者の区別がつかず解剖によって見極めなければならなかった種等があった。また，第18体節腹面に雄性孔が存在せず，その位置に性徴（図3-6, s）が存在する種もあった。キクチミミズ（P. schmardae）は東京産フトミミズ属で唯一，交接嚢（図3-10, l）を保有する種であった。

　雄性孔の変異に関する調査では，雄性孔の保有率がわずか数％で，むしろ保有しない個体が普通である種もあった。東京産75種について調査した結果，雄性孔保有が低率である種は，受精嚢孔対数1-3対の種でみられ，4対以上の種ではみられなかった（表3-19）。雄性孔有無の変異の状態は，雄性孔一対を欠く，対をなさず片側のみに存在する等である。表3-19で示した雄性孔保有が低率である8種のうち，P. sp. 2を除く7種の変異の状態は表3-20で示した。それ以外の67種では雄性孔を欠く個体はみられなかった。表3-20は東京産フトミミズ属75種について調査した結果であるが，アオキミミズ（P. aokii），イッツイミミズ（P. conjugata）は雄性孔は保有せず，ヒトツモンミミズ（P. hilgendorfi）やフキソクミミズ（P. irregularis）は保有率はわずか1％であり，ホソスジミミズ（P. striata）やハタケミミズ（P. agrestis）では3％以下であった。

　有性孔存在位置の変異は東京産75種のうち，ヒトツモンミミズ（P. hilgendorfi）1種のみで図3-12のような変異みられたが，他の74種については特にこのような変異はみられなかった。

　表3-21は東京産フトミミズ属11種における外部形質の数，存在位置等の変異性を表しているが，他の64種は外部形質の変異性は非常に少ないか，またはない。ただし，性徴の数・位置等の変異はどの種でもみられた。

　貯精嚢の大きさ（占体節数）は種によって一定しており，大形，中型，小型等に区分することができ（表3-22），貯精嚢が特に大形である種では第10-14体節の5体節を占める種もあった。貯精嚢が大きい種では精巣が貯精嚢内に取り込まれ，精巣そのもの

は識別し難い種（図3-13, b）もあった。

摂護腺は普通第17-19～17-20体節の4～5体節を占めるが，大きものでは第20体節後方まで占める種がみられた。雄性孔を保有しない個体では摂護腺を欠いていた。また，雄性孔を保有する個体でも摂護腺を欠くものや，腺体はないが導管だけをもつ等の変異がみらる個体もあった（図3-14）。種によっては雄性孔を保有していても摂護腺を欠くのが普通である場合もあった。摂護腺の大きさ（占体節数）は一定でないが，大形，中型，小型については種により一定であった（表3-23）。

表3-19 東京産フトミミズ属75種の受精嚢孔対数と雄性孔有無の関係

受精嚢孔対数	雄性孔保有率			種数計
	0 %	0-3 %	99-100 %	
0			1	1
1	1			1
2	2	3	13	18
3		2	9	11
4			42	42
5			2	2
種数計	3	5	67	75

表3-20 東京産フトミミズ属7種の雄性孔保有率

種名	調査個体数	雄性孔			雄性孔18体節1対保有率(%)
		18体節1対	片側のみ	無し	
アオキミミズ (Pheretima aokii)	95	0	0	95	0
イツイミミズ (P. conjugata)	9	0	0	9	0
フキソクミミズ (P. irregularis)	75	1	14	60	1
ヒトツモンミミズ (P. hilgendorfi)	862	9	37	816	1
ホソスジミミズ (P. stripata)	41	1	1	39	2.4
ハタケミミズ (P. agrestis)	75	2	1	72	2.6
フトスジミミズ (P. vitatta)	311	20	11	280	6.4

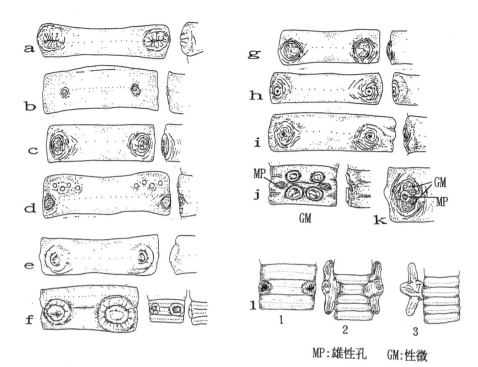

図3-10 雄性孔

a. P. florea コガタミミズ 菊花状雄性孔　　b. P. montana ヤマミミズ．小雄性孔
c. P. rufidura コカゲミミズ 円形雄性孔　　d. P. silvatica ダイボサツミミズ
e. P. semilnaris ハンゲミミズ 半円形雄性孔　f. P. striata. ホソスジミミズ 切株状雄性孔
g. P. subrotunda エンケイミミズ 大円形雄性孔　h. P. subalbibina シマチビミミズ
i. P. elliptica イチョウミミズ　　j. P. tamaensis タマミミズ 大吸盤状性徴を伴う性徴
　　　　　　　　　　　　　k. P. stipata ソラマメミミズ 吸盤状性徴に囲まれた雄性孔
l. P. shmdae キクチミミズ 交接嚢を有する雄性孔（1. 普通の状態，2，3. 体腔内の交接嚢が突出した雄性孔）．

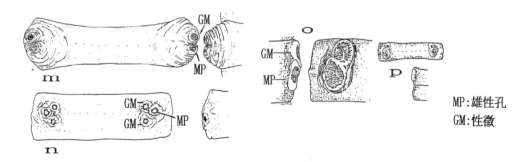

図3-11 性徴と同形である雄性孔

m. P. bigibberosa タニマミミズ，n. P. quintana ゴツイミミズ　o，p　P. octo ハチノジミミズ

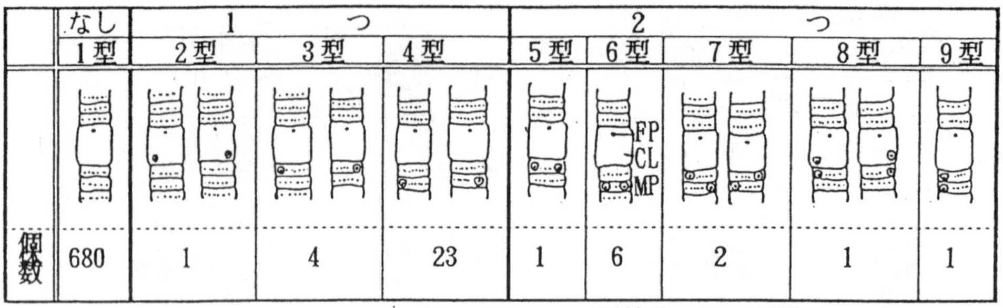

	なし	1つ			2つ				
	1型	2型	3型	4型	5型	6型	7型	8型	9型
個体数	680	1	4	23	1	6	2	1	1

6型：正常　FP：雌性孔　CL：環帯　MP：雄性孔

図3-12　ヒトツモンミミズ（*P. hilgendorfi*）の雄性孔存在位置の変異

表3-21　東京産フトミミズ属11種における外部形質の数と存在位置の変異性

種名	調査個体数	受精嚢孔	雄性孔：個体数	性徴（性的斑紋）	外部標徴：個体数
アオキミミズ *P. aokii*	95	変異無	1対：0 全欠：95	斑紋内の 小粒状数変異有	保有せず
イッツイミミズ *P. conjugata*	9	正常：2 片側：4 全欠：3	1対：0 全欠：9	保有せず	保有せず
フツウミミズ *P. communissima*	32	変異無	1対：31 片側：1	保有せず	保有せず
ヒトツモンミミズ *P. hilgendorfi*	862	変異無	1対：9 片側：37 全欠：816	1つ：128 2つ：671 3つ：52 4つ以上：11	保有せず
ホソスジミミズ *P. striata*	41	変異無	1対：1 片側：1 全欠：39	保有せず	位置・数変異有り
ハタケミミズ *P. agrestis*	75	変異無	1対：2 片側：1 全欠：72	保有せず	変異有1-4対まで
フトスジミミズ *P. vittata*	311	変異有	1対：20 片側：11 全欠：280	数変異有 位置変異無	保有せず
セグロミミズ *P. divergens*	127	変異無	1対：127 全欠：0	数・位置変異富む	保有せず
ヘンイセイミミズ *P. heteropoda*	48	変異無	1対：36 位置変異：12	数・位置変異有	保有せず
フキソクミミズ *P. irregularis*	82	正常：12 3-1個：36 全欠：34	1対：1 片側：14 全欠：67	保有せず	保有せず
タマミミズ *P. tamaensis*	56	変異無	1対：44 片側：10 全欠：2	数変異有 0-4個	保有せず

表3-22 東京産フトミミズ属75種における貯精嚢の大きさ

貯精嚢	Small-size (小型) 第11-12体節占	Medium-size (中型) 第10-12体節占	Large-size (大形) 第10-14,15体節占	種数計
種数計	20	26	29	75

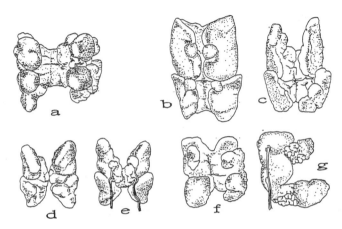

図3-13 貯精嚢
a . b . P. aokii アオキミミズ　aは標準的大きさの貯精嚢。bは数体節を占める大貯精嚢。
c . P. quintana ゴツイミミズ　数体節占める大貯精嚢。
d . e . P. striata ホソスジミミズ　dは背面,eはその腹面側で輸精管がみえる。
f . g . P. hypogaea ジングウミミズ　fは背面,gはその側面で輸精管がみえる。

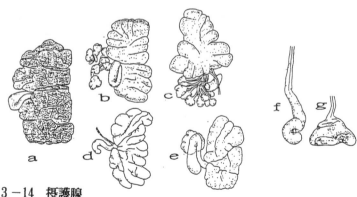

図3-14 摂護腺
a . P. communissima フツウミミズ　標準的大きさ,型である摂護腺。
b . P. purpurata ニジイロミミズ　瓶状単生殖腺を伴う摂護腺。
c . P. bigibberosa タニマミミズ　瓶状複生殖腺を伴う摂護腺。
d . P. semilnaris ハンゲツミミズ　摂護腺導管部に輸精管が結合する。
e . P. nubicola ミヤマミミズ　胞状生殖腺を伴う摂護腺。
f . g . P. hilgendorfi ヒトツモンミミズ　摂護腺の腺体を欠く。

表3-23 東京産フトミミズ属75種における摂護腺の大きさ（占体節数）区分

摂護腺	Small-size （小型） 2-3 体節占	Medium-size （中型） 4-5 体節占	Large-size （大形） 6-8 体節占	無	種数計
種数計	14	26	20	15	75

3.2.6 体長，体幅，体節数，体色

体長の区分は表3-24の通りであるが，SS-Sは小型種，M-Lは中型種，LL-LLLは大型種とした。体長，体幅，体節数等はどの種でも変異がみられるが，変異の幅はほぼ一定していた（表3-25）。東京産フトミミズ属75種では体長の変異幅は平均体長の0.5-2.0倍であるものが多かった。ヒトツモンミミズ（*Pheretima hilgendorfi*）ではその変異の幅は100-330mmであった。体幅の変異幅は平均体幅の0.8-1.2倍である種が多く，体節数では平均体節数の0.8-1.2倍である種が多かった。表3-25のフトミミズ属10種は東京産75種のうち，主として体長の変異幅の最も大きいヒトツモンミミズから少ないノラクラミミズの順に表してある。他の65種は，No4-10の変異幅であった。

フトミミズ属の背面と腹面の体色は相違し，腹面の体色は灰白色～淡黄色である種が多かった。背面体色は赤褐色系と茶色系が多い（表3-26）。しかし，白色系のものが4種確認され，ミミズの体色で白色系のものは余り知られていない。

表3-24 東京産フトミミズ属75種の体長区分（成体）

体長区分 mm	SS 60以下	S 60-100	M 70-140	L 100-200	LL 150-250	LLL 200-450	種数計
種数計	2	15	29	21	6	2	75

表3-25 フトミミズ属10種の体長，体幅，体節数の変異幅一覧表（成体）

No	種		体長(mm)	体幅(mm) (第13体節)	体節数	測定 個体数
1.	P. hilgendorfi	ヒトツモンミミズ	90-330	5.0-12.0	90-120	100
2.	P. schmardae	キクチミミズ	40-120	3.0-5.0	50-100	50
3.	P. agrestis	ハタケミミズ	90-250	5.0-10.0	80-110	100
4.	P. divergense	セグロミミズ	90-230	3.5-6.0	105-120	50
5.	P. heteropoda	ヘンイセイミミズ	90-230	3.5-6.0	95-150	50
6.	P. vittata	フトスジミミズ	90-200	5.0-8.00	100-110	100
7.	P. hupeiensis	クソミミズ	70-120	3.0-3.4	110-140	20
8.	P. carnosa	ヨコハラトガリミミズ	175-260	6.0-7.5	100-140	25
9.	P. masatakae	フタツボシミミズ	190-260	5.5-7.0	110-130	25
10.	P. megascolidioides	ノラクラミミズ	150-200	8.0-9.0	110-115	25

表3-26 東京産フトミミズ属75種の体色（背面体色）（成体）

	白色系	茶色系	赤褐色系	緑茶色系	赤紫色系	茶色系赤縞模様	褐色系黒縞模様	種数計
種数計	4	26	35	4	2	3	1	75

3.2.7 その他の形質

(1) 隔膜（Septa）（図2-2 i）

　　体腔内の体節と体節の境は隔膜で仕切られている。隔膜は薄く破れ易い膜の種から筋繊維状で丈夫で厚い膜の種等，種による違いが認められた。東京産75種では第8/9/10体節間溝の隔膜は全種で欠いていた。東京産75種についての隔膜の形状は表3-27の通り，隔膜が薄い種，普通である種，厚く筋繊維状である種はほぼ同じ割合であった。

表3-27 東京産フトミミズ属75種における環帯前部の隔膜の形状

隔膜の厚さ	薄い	普通	厚く筋繊維状	種数計
種数計	21	29	25	75

(2) 雌性孔(Female pore)（図2-1 g），卵巣（Ovary）（図2-2 d）

　　東京産75種において数・位置等の変異はみられず，安定した形質であった。卵巣の形態は不規則で生殖時期には表面が粒状となるが，卵巣全体の大きさは図示（2-2 d）した大きさでこれ以上大きくはならなかった。

(3) 環帯(clitellum) （図2-1a）
　東京産75種における環帯の形態や位置の変異はほとんどの種でみられなかった。

(4) 剛毛（Setae） （図2-1b）
　腹面正中線付近の剛毛の間隔はやや広い種が多かった。第7，20体節における剛毛数は東京産75種で全種変異がみられた。表3-28は10種における剛毛数の変異を表しているが，東京産フトミミズ属75種のうち，変異数の最も多いクソミミズから少ないミネダニミミズとなる順番で表している。他の65種は，No2-10で示した種の変異幅であった。

表3-28　東京産フトミミズ属10種における剛毛数の変異

種名		体節		測定個体数
		第7	第20	
1.	*Pheretima hupeiensis* クソミミズ	140-160	70-100	10
2.	*P. hilgendorfi* ヒトツモンミミズ	50-70	60-70	20
3.	*P. vittata* フトスジミミズ	50-64	55-64	20
4.	*P. okutamaensis* シマチビミミズ	40-52	40-48	20
5.	*P. atrorubens* タカオミミズ	60-66	80-90	10
6.	*P. purpurata* ニジイロミミズ	44-52	44-52	20
7.	*P. tamaensis* タマミミズ	26-32	30-37	20
8.	*P. imperfecta* フカンゼンミミズ	75-80	79-86	10
9.	*P. aokii* アオキミミズ	46-48	48-55	20
10.	*P. verticosa* ミネダニミミズ	36-40	50-54	20

(5) 背孔(dorsal pore) （図2-1c）
　東京産75種では背孔は第12／13体節間溝より開始する種が約50％を占めていた（表3-29）。環帯前部の背孔は環帯後部の背孔より小さく，実体顕微鏡にても環帯前部の背孔開始の位置が不明瞭である種もみられた。存在位置の変異がみられる種もあるが，安定している種の方が多かった。背孔から分泌される体腔液は粘性がたかく，乳白色・黄色・黄緑色等を帯びた液体で，種によってその色は決まっていた。体に刺激を与えると体腔液を噴出するが，口からも多量の体腔液を排出する種もあった。

表3-29　東京産フトミミズ属75種における背孔の始まる体節間溝の位置

背孔の始まる体節間溝	体節間溝				計
	10/11	11/12	12/13	11/12 または 12/13	
種数	1	26	36	12	75

(6) 腸（Intestine ）（図2−2g）

　　腸は環帯位置である14-16体節の間で膨大するが，15体節で膨大する種が多く，14または16体節で膨大する種は少なかった。

(7) 心臓（Lateral heart ）（図2−2e）

　　心臓の存在位置は，11-13体節に各1対，10体節に片側1つ存在するが，東京産フトミミズ属75種は全種で存在位置や数等の変異はみられなかった。

3.3 腸盲嚢の4型と他の形質との関連性

　日本産フトミミズ属の形質には，いくつかの形質で形質同士の関連性がみられた。ここではフトミミズ属の形質を腸盲嚢を中心にして形質同士の関連性について総合的にとらえた。その結果，いくつもの関連性がみられたことより，腸盲嚢は重要な形質であると判断した。

3.3.1 体長との関係

　腸盲嚢が指状型のものでは体長は100-200mmの種が多く，腸盲嚢が突起状型では体長60-250mmの種が，鋸歯状型では，体長200-450mmの種が多く，したがって鋸歯状型は大型種であった。表3－30は東京産フトミミズ属75種における腸盲嚢と体長の関係を表したものであるが，腸盲嚢が突起状で体長M（70-140）である種が一番多く約25％，ついで突起状で体長S（60-100），鋸歯状で体長L（100-200），指状で体長M（70-140）である種がそれぞれ約十数％と続く。

表3－30　東京産フトミミズ属75種における腸盲嚢と体長の関係（成体）

腸盲嚢の4型	体長区分 mm SS 60以下	S 60-100	M 70-140	L 100-200	LL 150-250	LLL 200-450	種数計
突起状	2	10	17	5	1		35
鋸歯状			3	11	4	2	20
指　状		5	9	5			19
多型状					1		1
種数計	2	15	29	21	6	2	75

3.3.2 体型との関係

　腸盲嚢が指状型の体型は環帯前後がふっくらとした体形である。腸盲嚢が突起状型と鋸歯状型では，指状型の体型のような環帯前後がふっくらとしていない。また，鋸歯状型では環帯後部の末端の部分が生体時膨らむ種や一つひとつの体節の幅がせまく全長が寸づまりのような体型の種もみられた（図3-15）。

指状型　：　フツウミミズ，ヒトツモンミミズ型
　内部生殖器系が大型で体壁が薄いことより，環帯前後がふっくらとしている。
突起状型，鋸歯型の体型：　セグロミミズ，ヒナフトミミズ 型
　体壁が厚く，丈夫であるため，膨れにくいことより，環帯前後の太さは同じ太さである。

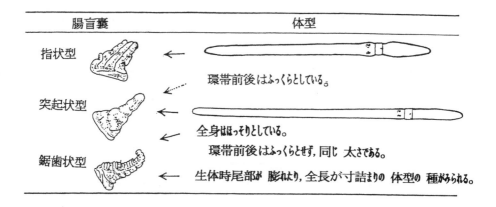

図3-15　腸盲嚢の型と体型の関係

3.3.3 受精嚢孔対数との関係

　東京産フトミミズ属75種の腸盲嚢の型と受精嚢孔対数の関係を表3-31に示した。突起状型の種群では0-5対までであるが，4対の種が多く，鋸歯状型の種群では2-4対までで，4対である種が多い。指状型では受精嚢孔対数は3対以下であり，2対である種が多かった。多型状型の1種では受精嚢孔対数は5対であった。

表3-31 腸盲嚢の4型と受精嚢孔対数の関係

腸盲嚢の4型	東京産フトミミズ属75種の受精嚢孔各対の区分						種数計
	0対	1対	2対	3対	4対	5対	
突起状型	1		3	5	25	1	35
鋸歯状型			1	2	17		20
指状型		1	14	4			19
多型状型						1	1
種数計	1	1	18	11	42	2	75

3.3.4 性徴および生殖腺との関係

　腸盲嚢が突起状型と鋸歯状型では，性徴は吸盤状で生殖腺は胞状生殖腺であるという関連性が認められ，腸盲嚢が指状型の場合は，性徴は小粒状で生殖腺は瓶状単生殖腺か瓶状複生殖腺のどちらかであるという関連性が認められた（図3-16）。ただし，東京産フトミミズ属75種のうち，14種は性徴および生殖腺を保持していなかった。また，フタツボシミミズ（ Pheretima masatakae ）は鋸歯状で瓶状生殖腺，ゴツイミミズ（ P. quintana ）は突起状で瓶状生殖腺であった。この2種以外には例外は認められなかった。

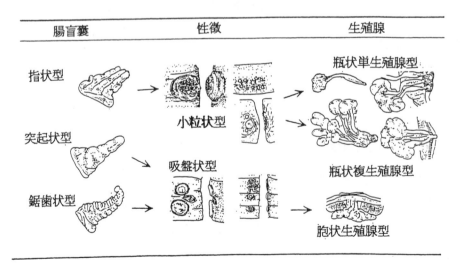

図3-16 腸盲嚢の型と性徴および生殖腺との関係

3.3.5 受精嚢孔，貯精嚢，摂護腺の大きさ及び体壁・隔膜の厚さとの関係

　腸盲嚢の型により受精嚢孔の外観や貯精嚢，摂護腺等の大きさ（占体節数）及び体壁や隔膜の厚さ等で相違がみられた。その相違は指状型の種群と，突起状・鋸歯状・多型状の種群との二群での相違としてとらえることができた。表3－32はその相違を表しているが，貯精嚢，摂護腺等の大きさの比較では，指状型の種群は大形である種が多く，突起状，鋸歯状，多型状の種群は普通の大きさの種が多かった。ただし，鋸歯状の種でも同様な形質が大型である種もみられた。また，体壁や隔膜の厚さの比較では，指状型の種群は薄く，突起状，鋸歯状，多型状の種群は厚い種が多かった。ただし，突起状の種でも指状型と同様な種もあった。

表3－32　腸盲嚢の4型と貯精嚢，摂護腺の大きさ及び他形質の比較

形態	指状	突起状・鋸歯状・多型状
貯精嚢	大きい：特大～大 （第10,11～13,14体節占有）	普通：中～小 （第11～12体節占有）
摂護腺	大きい：大 （第16,17～19,20 21体節占有） 肉眼にて観察し易い	普通：中 （第17～19,20体節占有） 肉眼にて観察しにくく，実体顕微
受精嚢孔		鏡にても観察しにくい種もある
体壁	薄く，柔らかい。	厚く，しまっている
隔膜	環帯前部の隔膜は薄い	環帯前部の隔膜は厚く，筋繊維質である種が多い

3.3.6 雄性生殖器官（受精嚢，貯精嚢，摂護腺）の有無及び変異性との関係

　腸盲嚢が突起状型と鋸歯状型の種群では雄性生殖器官（受精嚢，貯精嚢，摂護腺）を欠く種はほとんどみられなかったが，指状型の種群の場合は雄性孔のない種，及び保有率5％以下である種から100％保有する種等様々であった。表3－33は指状型の種群でのみ雄性孔無保有が普通である種が19種中8種であることを示している。雄性孔を欠く種では連動して摂護腺も欠くが，雄性孔を保有していても摂護腺を欠く場合があった。

　雌性生殖器官と雄性生殖器官の精巣，輸精管，貯精嚢については，東京産フトミミズ属75種でこれらを欠く個体，種は認められず，雄性孔を保有しない個体でもこれらを欠く例は認められなかった。図3－17は，腸盲嚢の型と雄性生殖器官の有無の変異性との関係を表したものであるが，指状型種群と突起状型・鋸歯状型種群とでは，雄性孔の変

異性や隔膜・体壁の厚さで明確な相違がみられた。

表3-33 東京産フトミミズ属75種における腸盲嚢の4型と雄性孔有無の関係

腸盲嚢の型	雄性孔保有	雄性孔無保有が普通である種	種数計
指状型	11	8	19
突起状型	35	0	35
鋸歯状型	20	0	20
多型状型	1	0	1
種数計	67	8	75

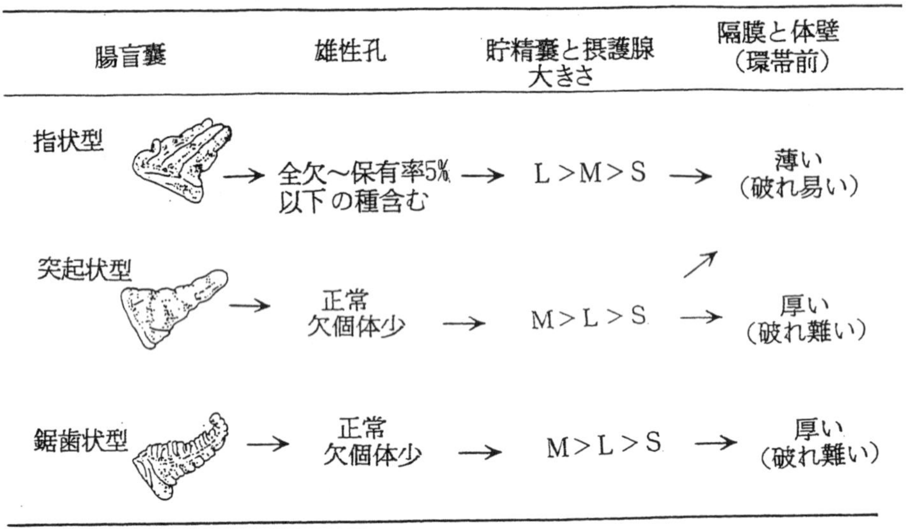

腸盲嚢	雄性孔	貯精嚢と摂護腺 大きさ	隔膜と体壁（環帯前）
指状型	→ 全欠～保有率5%以下の種含む	→ L>M>S	→ 薄い（破れ易い）
突起状型	→ 正常 欠個体少	→ M>L>S	→ 厚い（破れ難い）
鋸歯状型	→ 正常 欠個体少	→ M>L>S	→ 厚い（破れ難い）

図3-17 腸盲嚢の型と雄性生殖器官（貯精嚢，摂護腺）有無の変異性と大きさ及び隔膜・体壁の厚さとの関係

3.4. フトミミズ属の生活様式及び形質

3.4.1 生息層別の生活様式

　フトミミズ属の生息層は種によって決まっており，表層に生息する種を表層種，地中に生息する種を地中種とし，さらに地中種は浅層（0-30cm）と深層（30cm以下）に生息する種を区分して，それぞれ浅層種，深層種と呼ぶことにした。この区分に従うとクソミミズ（ *P. hupeiensis* ）は季節によって生息層が変動する唯一の種であった。クソミミズ以外は，1種で2つ以上の生息層をもつ種はみられなかった。従って，ここで用いた土壌の深さ別分布に基づくフトミミズ属の生息層の区分は妥当と思われる。表3－34にフトミミズ属の生息層を基にして区分した表層種，浅層種，深層種の3型の区分とそれらの採集法を示した。表3－35は東京産フトミミズ属75種の各生息層における種数を表しているが，浅層種に属する種が一番多く，約50％を示している。表層種と深層種は各25％であった。

表3－34　フトミミズ属の採集区分基準

区分	生息層 （潜伏層）	採集方法	
表層種	表層（地表）	素手のみ シャベル不用	糞粒土や腐葉層等を手で払いのけただけで採集できる種
浅層種	地表より30cm 以内の地中	シャベル使用	シャベルで1回土を堀り起こした深さで採集
深層種	地表より30cm 以上の地中	シャベル使用	シャベルで1回以上土を掘り進んだ深さで採集できる種

表3－35　東京産フトミミズ属75種の生活様式（生息層3型）における種数

	表層種	地中種		種数計
		浅層種	深層種	
種数	19	38	18	75

以下に述べる穿孔と巣孔は表3-36に示す基準で区別した。表層種は糞粒中等に潜伏し，水平および斜方向等への自由な移動通路，潜伏場所としての巣孔を造るが，土壌中で垂直方向の穿孔は形成しない。全ての深層種と浅層種の一部では垂直方向の穿孔を造るが，水平および斜方向等への自由な移動通路は造ず，穿孔の下部，末端部等で潜伏し，地表の腐朽葉等を取り込む（図3-18）ものと考えられる。また，浅層種38種のうち約30種では垂直方向の穿孔や明瞭な穿孔地表開口部位は造らなかった（表3-37）。このような種は一生地中で生息するものと考えられ，地表には出現しない種が多かった。

表3-36 フトミミズ属の穿孔と巣孔の区分基準

	孔の方向	地表開口部	孔壁
穿孔	地表から地中下部へほぼ垂直方向に伸長する。左右水平方向への移動通路は無し。	地表に開口部の孔ははっきり認められる。開口部は糞で覆われている場合が多い。	孔壁はしっかりしていてくずれにくい。孔壁は鮮明である。孔壁は糞で固められている場合もある。
巣孔	水平，斜・垂直各方向があるが水平方向が多い。	地表開口部の孔は無いか，不鮮明である。	孔壁は崩れ易く，もろく，孔壁が不鮮明である場合が多い。

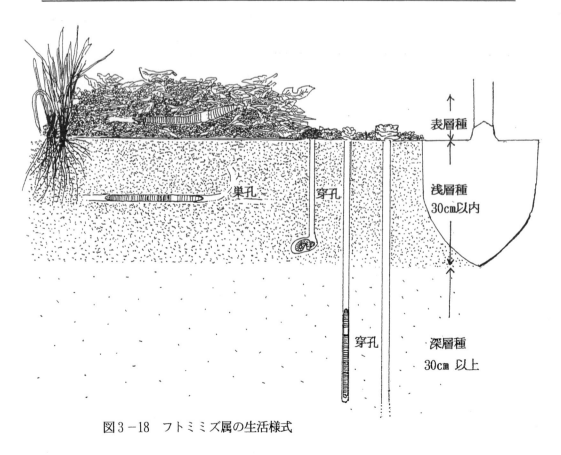

図3-18 フトミミズ属の生活様式

表3-37　東京産フトミミズ属の生活様式

生活様式 (生息層3型)	造孔の種類	潜伏層	種数	不明種	種数計
表層種	巣孔	地表生息 糞粒中潜伏	19	0	19
浅層種	巣孔	地中潜伏 地表に出ず	30	7	38
	穿孔	穿孔下部潜伏	1		
深層種	穿孔	穿孔下部潜伏	14	4	18
種数計			64	11	75

3.4.2　食性

　フトミミズ属の表層種は有機質に富んだ黒色の土（A層）を多量に摂食するが，深層種は無機質に富んだ土（B層）を多量に摂食するという相違がみられた（表3-38）。また，表層種では腸内の土の中に植物質の破片がみられるが，浅層種や深層種では植物質の破片は僅かにみられる程度であった。表層種でも腸内の内容物は圧倒的に土で，植物質破片は，土の量と比較にならないほど少なかった。

　肉眼と実体顕微鏡の観察により，腸管内容物を観察した。

表3-38　生活様式3型別の腸管内容物

生活様式（生息層）		腸管内容物
表層種		粉砕された植物質の破片が確認できるが量は少ない。 黒色の有機質に富む表層土で満たされている。
地中種	浅層種	粉砕された植物質の破片は殆ど確認できない。 腸内は黒色のA層土壌で満たされている。
	深層種	粉砕された植物質の破片は僅かに確認できる。 腸内は有機質の乏しい土で満たされている。

3.4.3 出現時季と越年型

表3-39は各生息層位の代表種としてとりあげた8種の幼体，亜成体，成体について月別の生息個体数の概略を示したものである。

表層種であるヒトツモンミミズ，フツウミミズ，アオキミミズでは3月下旬～4月下旬に卵包（Cocoon）が孵化し，孵化した幼体は6上旬-7月上旬に亜成体，6月中旬-7月中旬に成体となり，この成体は8月になると個体数の減少が始まった。アオキミミズは8月中下旬には成体はみられなくなった。ヒトツモンミミズ，フツウミミズではアオキミミズほどの急激な成体数の減少はみられないが，それでも明らかに8月には減少が認められ，9月になると成体の個体数は少なくなった。ヒトツモンミミズでは12月頃まで成体はみられるが，その個体数は極めて少なく，この頃の残存個体は弱々しく，12月下旬になると成体はみられなくなった。その他の表層種の幼体，亜成体，成体の出現時季は全て上記のような傾向がみられた。このような出現時季を示すフトミミズ属の越年型は一年生とした（表3-40）。

浅層種の出現時季は2型があった。チッチミミズとミカドミミズは表層種の出現時季と似ていたが，ミカドミミズは卵包から孵化した幼体が成体に達するのが8月下旬であることが，表層種やチッチミミズと相違していた。同じ浅層種であるヘンセイミミズやクソミミズでは四季を通して小さな幼体から成体までがみられた。クソミミズは気温の変化で潜伏層の深さが変化し，夏は3-10cm位であるが，冬季は20-50cmの深さに移動していた。ヘンイセイミミズではクソミミズほど顕著な変化はみられなかった。ヘンセイミミズやクソミミズのような出現時季を示すフトミミズ属の越年型は越年性（表3-40）とした。深層種は調査個体数の一番多いイイヅカミミズ1種を示した。イイヅカミミズは11-4月の期間は調査地の土壌が凍って硬化する等の理由で調査できなかった。5月になると降雨後地上に出現することや，生息地の土壌が掘りやすくなることで調査が可能となった。イイヅカミミズでは5-10月の期間に成体，亜成体がみられるので越年性であり，6-7月は小さな幼体が多くみられた。イイヅカミミズでは小さな幼体の潜伏層は地表より10cm位であるが，生長するにしたがってこの潜伏層は段々深くなることが観察された。そして亜成体，成体の潜伏層は1mを越える深さにまで達すると考えられる。この調査で記録したイイヅカミミズの亜成体，成体は掘り起こして採集した個体ではなく，降雨後に地上に出現した個体を採集したものである。なお，他の67種は表3-46で生息層位と越年型について示した。出現時季は越年型から判断できる。

表3－39　東京産フトミミズ属8種の幼体，亜成体，成体の出現時季，生息個体数
　　　　（表中の生息層で表：表層種，浅：浅層種，深：深層種を意味する。）
　生息個体数：◎多い，〇普通，　o少ない，　　＋稀，　　－採集できなかった

種名	生息層	令	1-2	3	4	5	6	7	8	9	10	11-12
ヒトツモンミミズ P. hilgendorfi	表	幼体	－	o	〇	◎	◎	o	－	－	－	－
		亜成	－	－	－	o	◎	〇	－	－	－	－
		成体	－	－	－	－	〇	◎	〇	o	o	＋ －
フツウミミズ P. communissima	表	幼体	－	o	〇	◎	◎	o	－	－	－	－
		亜成	－	－	－	o	◎	〇	－	－	－	－
		成体	－	－	－	－	〇	◎	o	＋	－	－
アオキミミズ P. aokii	表	幼体	－	－	〇	◎	◎	o	－	－	－	－
		亜成	－	－	－	〇	◎	〇	－	－	－	－
		成体	－	－	－	－	〇	◎	o	＋	－	－
ツチミミズ P. opidana	浅	幼体	－	－	o	◎	◎	o	－	－	－	－
		亜成	－	－	－	〇	◎	〇	－	－	－	－
		成体	－	－	－	－	〇	◎	〇	o ＋	－	－
ミカドミミズ P. edoensis	浅	幼体	－	－	－	o	〇	〇	〇	－	－	－
		亜成	－	－	－	－	－	－	o	〇	－	－
		成体	－	－	－	－	－	－	o	〇	〇	＋
ヘンイセイミミズ P. heteropoda	浅	幼体	〇	〇	〇	〇	〇	〇	〇	〇	〇	〇
		亜成	〇	〇	〇	〇	〇	〇	〇	〇	〇	〇
		成体	〇	〇	〇	〇	〇	〇	〇	〇	〇	〇
クソミミズ P. hupeiensis	浅	幼体	〇	〇	〇	〇	〇	〇	〇	〇	〇	〇
		亜成	〇	〇	〇	〇	〇	〇	〇	〇	〇	〇
		成体	〇	〇	〇	〇	〇	〇	〇	〇	〇	〇
イイヅカミミズ P. iizukai	深	幼体					〇	〇	〇	〇		
		亜成						〇	〇	〇		
		成体					〇	〇	〇	〇	〇	

表3-39に示したように，東京産フトミミズ属には成体，亜成体，幼体ともに越冬できず，卵包で越冬する一年生種群と，幼体，亜成体，成体のいずれかのステージ，または全ステージが越冬できる越年性の2群に分類することができる。表3-40は一年生と越年性の区別基準を表し，表3-41は生息層との関連を示したものである。一年生か越年性かを不明とした種は，夏季以外は該当種の採集調査をしていなもの，あるいは一度採集しただけでその後採集されていないものである。ただし，形態や採集時の状況から一年生か越年性かの推定は可能である。

表3-40 一年生と越年性区分基準（東京での調査による。）

	12-3月	4-5月	9-11月
一年生	卵包以外のステージは採集されず	成体採集されず 幼体採集される	幼体，亜成体は採集されず
越年性	卵包以外のステージまたは全ステージ採集される	成体が採集される	幼体，亜成体が採集される

表3-41 東京産フトミミズ属75種の一年生，越年性

生息層	一年生	越年性	不明	種数計
表層種	19			19
浅層種	5	23	11	39
深層種		13	4	17
種数	24	36	15	75

3.4.4 生息層位と降雨後地上に出現するミミズの種類

降雨後及び降雨中に採集されたミミズの種類は，表3-42の通りですべてフトミミズ属であった。そのうち集団で多数路上等通常生息しない地表面に出てくる種はヒトツモンミミズ（*P. hilgendorfi*）1種のみであった。ヒトツモンミミズは環境が良ければしばしば多数の個体が同一場所で棲息する種である。ヒトツモンミミズは多い時で1地点から目視で100個体以上が集団で路上に出ている場合が観察された。その他の種は集団ではなく，1個体からせいぜい数個体が路上に出ている所を採集した種である。しかし，東京産フトミミズ属75種のうち，降雨後及び降雨中に路上等で採集された種は20種で

あり，降雨によって，フトミミズ属のすべての種が地上に出現するわけではなかった。例えば都内の皇居では16種中，ノラクラミミズ，フトスジミミズ，P. sp.6の3種，東久留米市では13種中，カッショクフトミミズ，ヒトツモンミミズ，P. sp.6の3種，高尾山では15種中，ギンイロミミズ，タカオミミズ，ヒトツモンミミズ，イイヅカミミズ，オオフサミミズ，フトスジミミズ，P. sp. 4 の7種が出現した。

表3-42は降雨後に路上で採集された種である。降雨後，その種の生息地に行っていないため確認していない種もあるので断定はできないが，降雨により路上を徘徊するフトミミズ属の種類は主として表層種と地中種グループの穿孔種であり，浅層種のグループのものには降雨でも地上に出現しない種が多いようである。なお，この調査は降雨で路上等に出現した種の個体数密度，出現時刻等は調査していない。

表3-42　降雨後に路上で採集された種

生活様式3型	全体の種数	採集種数	種名
表層種	19	6	ヒトツモンミミズ (P.hilgendorfi), フトスジミミズ (P.vittata) ホソスジミミズ(P.striata), フキクミミズ(P.irregularis) イツイミミズ(P.conjugata), フツウミミズ(P.communissima)
浅層種	38	4	タンショクミミズ(P.lactea), カッショクフトミミズ (P.fulva) セグロミミズ (P.divergens), P. sp. 6
深層種	18	10	イイヅカミミズ (P.iizukai)　ギンイロミミズ (P.argentea) タカオミミズ (P.atrorubens), イマジマミミズ (P.imajimai) ハガネミミズ (P.dura), ノラクラミミズ (P.magascolidioides) オオフサミミズ(P.turgida), ヨコハラトガリミミズ (P.carnosa) P. sp. 3,　P. sp. 4
種数計	75	20	

3. 4. 5　生息層位と形質の関連性

生息層位と腸盲嚢の型には密接な関係がみられた（表3-43）。表層種は全て指状型であり，突起状，鋸歯状型のものはみられなかった。また，深層種は80％以上が鋸歯状型であり，浅層種の約90％は突起状型であった。その他の形質で変異がみられたのは表層種のみで，地中種の形質は安定していた（表3-44）。

表3-43 東京産75種の生息層3型と腸盲嚢4型の関係

	突起状	鋸歯状	指状	多型状	種数計
表層種	0	0	19	0	19
浅層種	33	5	0	0	38
深層種	2	15	0	1	18
種数計	35	20	19	1	75

表3-44 生息層3型と形質変異の現れ方

形質	表層種	地中種（浅層種，深層種）
雄性孔の有無	無雄性孔が普通である種がみられる。	変異はみられない。
受精嚢孔数および有無	受精嚢孔全欠個体や数の変異がみられ種がある。	変異はみられない。
受精嚢	主嚢や副嚢を欠く個体が多い種がある。	変異はみられない。
摂護腺	摂護腺を欠く個体が多い種がある。	摂護腺を欠く個体はあまりみられない。

表3-45は生息層3型と体色の関係を表したものであるが，表層種は赤褐色系，茶色系が多く，浅層種では茶色系，赤褐色系が，深層種では赤褐色系が多いといえる。また，浅層種では白色系が4種みられた。

表3-45 東京産フトミミズ属75種の生息層3型と体色との関係

	白色系	茶色系	赤褐色系	緑茶色系	赤紫茶色	茶色系赤縞模様	計
表層種	0	7	8	2	1	1	19
浅層種	4	18	13	2	0	1	38
深層種	0	1	14	0	1	2	18
種数計	4	26	35	4	2	4	75

3.5 東京産フトミミズ属の分類

3.5.1 腸盲嚢と他の形質及び生活様式との関連性

フトミミズ属の腸盲嚢と他の形質及び生活様式との間には関連性が認められることが明らかになったので東京産フトミミズ属75種について，腸盲嚢を基準とした相互の関連性をまとめた（表3-46）。

表3-46 腸盲嚢と他の形質及び生活様式との関連一覧表

No.	種名	(1)受精嚢 対数	構成	(2)性徴 性徴型	環帯 前	後	(3)生殖腺 の型	(4)外部 標徴	(5)体壁・隔膜 の厚さ	(6)体長	(7)雄性孔保有低率種	(8)生息層位	(9)越年型	(10)東京3区分の分布
「腸盲嚢指状型」														
1.	イッフミミズ	1	主+副	—	—	—	—	無	薄い	M	0%	表層種	一年生	山
2.	キクチミミズ	2	主+副	—	—	—	—	無	薄い	M		表層種	一年生	低丘
3.	アオキミミズ	2	主+副	小粒状	—	○	S., C.	無	薄い	M	0%	表層種	一年生	低丘山
4.	ハンモンミミズ	2	主+副	小粒状	○	○	S.	無	薄い	S		表層種	一年生	山
5.	ヒトフモンミミズ	2	主+副	小粒状	○	△	S.	無	薄い	L	1%	低丘種	一年生	低丘山
6.	フキソクミミズ	2	主+副	小粒状	△	△	S.	無	薄い	M	1%	表層種	一年生	低丘山
7.	シマチビミミズ	2	主+副	小粒状	—	△	C.	無	薄い	S		表層種	一年生	山
8.	ニジイロミミズ	2	主+副	小粒状	○	○	S., C.	有彩紋	薄い	M		表層種	一年生	山
9.	ダイホサツミミズ	2	主+副	小粒状	○	○	S., C.	無	薄い	S		表層種	一年生	山
10.	ケイコクミミズ	2	主+副	小粒状	○	○	S., C.	無	薄い	M		表層種	一年生	山
11.	ミネダニミミズ	2	主+副	小粒状	○	○	S., C.	無	薄い	M		表層種	一年生	山
12.	フトスジミミズ	2	主+副	小粒状	○	○	S.	無	薄い	L	2.6%	表層種	一年生	低丘
13.	タニマミミズ	2	主+副	雄性孔状	—	○	C.	無	薄い	M		表層種	一年生	山
14.	フツウミミズ	3	主+副	—	—	—	—	無	薄い	L		表層種	一年生	低丘
15.	コガタミミズ	3	主+副	—	—	—	—	無	薄い	S		表層種	一年生	山
16.	ヘタケミミズ	3	主+副	—	—	—	—	有彩紋	薄い	L	2.6%	表層種	一年生	低丘山
17.	ホソスジミミズ	3	主+副	—	—	—	—	有彩紋・深溝	薄い	L	2.4%	表層種	一年生	低丘山
18.	P. sp. 1	2	主+副	小粒状	○	○	S., C.	無	薄い	S	0%	表層種	一年生	山
19.	P. sp. 2	2	主+副	小粒状	○	—	S.	無	薄い	M		表層種	一年生	山

No.	種名	(1)受精嚢 対数	構成	(2)性徴 性徴型	環帯前	後	(3)生殖腺の型	(4)外部標徴	(5)体壁・隔膜の厚さ	(6)体長	(7)雄性孔保有低率種	(8)生息層位	(9)越年型	(10)東京三区分の分布
「 腸盲嚢突起状型 」														
20.	フカンゼンミミズ	0	主+副	-	-	-	-	無	厚い	S		浅層種	一年生	低
21.	フユミミズ	2	主+副	-	-	-	-	無	厚い	M		浅層種	不明	山
22.	チッチミミズ	2	主嚢のみ	-	-	-	-	無	厚い	S S		浅層種	越年生	低
23.	タマミミズ	2	主嚢のみ	吸盤状	-	○	Dl.	無	厚い	M		浅層種	越年生	低丘
24.	ケソミミズ	3	主+副	吸盤状	-	○	Dl.	無	厚い	M		浅層種	越年生	低丘
25.	シングウミミズ	3	主+副	吸盤状	-	○	Dl.	無	厚い	M		浅層種	越年生	低
26.	イチョウミミズ	3	主+副	-	-	△	-	無	厚い	M		浅層種	越年生	低
27.	イロジロミミズ	3	主+副	-	-	-	-	無	厚い	M		浅層種	越年生	低丘山
28.	ソラマメミミズ	3	主嚢のみ	-	-	-	-	吸盤状	厚い	M		浅層種	越年生	低
29.	キオビミミズ	4	主+副	-	-	-	-	無	厚い	L		浅層種	不明	山
30.	コガミミズ	4	主+副	-	-	-	-	無	厚い	M		浅層種	越年生	山
31.	ヘングミミズ	4	主+副	-	-	-	-	無	厚い	S		浅層種	越年生	山
32.	シンリンミミズ	4	主+副	-	-	-	-	無	厚い	M		浅層種	越年生	山
33.	エンケイミミズ	4	主+副	-	-	-	-	無	厚い	S S		浅層種	不明	山
34.	ヨコヘラトガリミミズ	4	主+副	吸盤状	-	○	Dl.	無	厚い	L		深層種	越年生	低
35.	ニレミミズ	4	主+副	吸盤状	○	○	Dl.	無	厚い	S		浅層種	越年生	山
36.	ミカドミミズ	4	主+副	吸盤状	-	○	Dl.	無	厚い	S		浅層種	一年生	低
37.	カッショクフトミミズ	4	主嚢のみ	吸盤状	○	-	Dl.	無	厚い	L		浅層種	越年生	丘
38.	ヘンセイミミズ	4	主+副	吸盤状	○	△	Dl.	無	厚い	L		浅層種	越年生	低丘山
39.	ヒノハラミミズ	4	主+副	吸盤状	○	○	Dp.	無	厚い	S		浅層種	越年生	山
40.	コブミミズ	4	主+副	吸盤状	○	△	Dl.	無	厚い	M		浅層種	不明	山
41.	タンショクミミズ	4	主+副	吸盤状	-	○	Dl.	無	厚い	M		浅層種	越年生	丘山
42.	ヒナフトミミズ	4	主嚢のみ	吸盤状	○	○	Dl.	無	厚い	M		浅層種	越年生	低丘山
43.	ミタケミミズ	4	主+副	吸盤状	○	○	Dl.	無	厚い	S		浅層種	不明	山
44.	サンロクミミズ	4	主+副	吸盤状	○	○	Dl.	無	厚い	S		浅層種	越年生	山
45.	ヘンイミミズ	4	主+副	吸盤状	○	○	Dl.	無	厚い	M		浅層種	越年生	山
46.	ミヤマミミズ	4	主+副	吸盤状	○	○	Dl.	無	厚い	M		浅層種	越年生	山
47.	ハチノジミミズ	4	主嚢のみ	吸盤状	-	○	Dl.	無	厚い	S		浅層種	一年生	低
48.	カッショクシマフトミミズ	4	主+副	吸盤状	○	○	Dl.	無	厚い	L L		深層種	不明	低
49.	シオビフトミミズ	4	主+副	吸盤状	○	-	Dl.	無	厚い	L		浅層種	越年生	丘
50.	コミチミミズ	4	主+副	吸盤状	○	-	Dl.	無	厚い	S		浅層種	不明	山
51.	ヒカゲミミズ	4	主嚢のみ	吸盤状	○	○	Dl.	無	厚い	M		浅層種	不明	山
52.	オオダマミミズ	4	主+副	吸盤状	○	○	Dl.	吸盤状	厚い	M		浅層種	一年生	山
53.	ゴウイミミズ	5	主+副	吸盤状	-	○	C.	無	厚い	S		浅層種	一年生	山
54.	P. sp. 7	4	主嚢のみ	吸盤状	○	○	Dl.	無	厚い	M		浅層種	不明	低

No.	種名	(1)受精嚢 対数	(1)受精嚢 構成	(2)性徴 性徴型	(2)性徴 環帯前	(2)性徴 環帯後	(3)生殖腺 の型	(4)外部 標徴	(5)体壁・隔膜 の厚さ	(6)体長	(7)雄性孔保有 低率種	(8)生息 層位	(9)越年 型	(10)東京 三区分 の分布
「腸盲嚢鋸歯状型」														
55.	フタブボシミミズ	2	主+副	吸盤状	−	○	S.	無	厚い	L		深層種	越年生	低
56.	アキミミズ	3	主+副	吸盤状	△	○	Dp.	無	厚い	L		浅層種	越年生	丘
57.	マダラミミズ	3	主+副	−	−	−	−	無	厚い	M		浅層種	不明	低
58.	カラマツミミズ	4	主嚢のみ	吸盤状	−	○	DI.	無	厚い	M		浅層種	不明	山
59.	ギンイロミミズ	4	主+副	吸盤状	−	○	DI.	無	厚い	LL		深層種	越年生	山
60.	バラフキミミズ	4	主+副	吸盤状	○	○	DI.	無	厚い	L		浅層種	不明	山
61.	セグロミミズ	4	主+副	吸盤状	○	△	DI.	無	厚い	L		浅層種	越年生	低丘山
62.	ヘガネミミズ	4	主+副	吸盤状	−	○	DI.	無	厚い	L		深層種	越年生	山
63.	イイヅカミミズ	4	主+副	吸盤状	○	○	DI.	無	厚い	LLL		深層種	越年生	丘山
64.	クロボクミミズ	4	主嚢のみ	吸盤状	○	○	DI.	無	厚い	L		深層種	不明	低
65.	ニッパラミミズ	4	主+副	吸盤状	○	○	DI.	無	厚い	L		深層種	越年生	山
66.	サクラフトミミズ	4	主嚢のみ	吸盤状	○	○	DI.	無	厚い	L		深層種	越年生	低
67.	ヤマミミズ	4	主+副	−	−	−	−	無	厚い	LL		深層種	越年生	山
68.	タカオミミズ	4	主+副	−	−	−	−	吸盤状	厚い	LLL		深層種	越年生	山
69.	イマジマミミズ	4	主+副	−	−	−	−	吸盤状	厚い	LL		深層種	越年生	低丘
70.	オオフサミミズ	4	主+副	−	−	−	−	大白歯状	厚い	LL		深層種	越年生	山
71.	P. sp. 3	4	主+副	吸盤状	−	○	DI.	無	厚い	M		深層種	不明	山
72.	P. sp. 4	4	主+副	吸盤状	−	○	DI.	無	厚い	L		深層種	不明	山
73.	P. sp. 5	4	主+副	吸盤状	○	○	DI.	無	厚い	L		深層種	越年生	低丘
74.	P. sp. 6	4	主+副	吸盤状	○	○	DI.	無	厚い	L		深層種	越年生	低
「腸盲嚢多型状型」														
75.	ノラクラミミズ	5	主+副	−	−	−	−	吸盤状	厚い	LL		深層種	越年生	低

※ アンダーライン種名はIshizuka(1999b-d, 2000c, d, Ishizuka et al., 2000b)の新種記載命名種である。

(1) 受精嚢…主:主嚢 , 副:副嚢
(2) 環帯前(受精嚢孔域), 環帯後(雄性孔域)   ○:有, −:無, △:時々存在
(3) S.:瓶状単生殖腺, C.:瓶状複生殖腺, DI.:無導管(胞状生殖腺), Dp.:有導管(胞状生殖腺)
(4) 外部標徴…有彩紋:有彩色紋, 深溝:深い線状溝
(5) 隔膜…厚い:筋繊維状
(6) 体長(mm):SS(<60), S(60-100), M(70-140), L(100-200), LL(150-250, LLL(200-450)
(7) 表層:腐植層, 地中浅:鉱質土層の表面より0-30cm, 地中深:鉱質土層の表面より30cm以上の深さ
(8) 雄性孔保有低率種以外の種は保有率は100%かその率に近い。雄性孔保有低率種は他形質の変異性が高い種でもある。
(9) 一年性:冬季に成体, 幼体等生息しない種   越年生:冬季に成体, 幼体等生息する種
(10) 分布:低.低地域(都内23区;標高0-30m), 丘.丘陵地域 (多摩地区;標高30-200m),
     山.山地(奥多摩,高尾山;標高200-2017m)

3.5.2 検索表

フトミミズ属を分類する上で，分類に必要な形質を重要度順にあげると，1．腸盲嚢の型，2．受精嚢対数，3．性徴・生殖腺の有無，存在位置及び型，4．外部標徴，5．受精嚢形態，6．体長，体色，その他の順である。これらの形質を基に形質同士の関連性を重視し，東京産フトミミズ属68種の分類，検索表を作成した。

フトミミズ属の種同定は，その種の標徴となる形質を保有する種は少ないこと，分類・同定に必要な形質の変異が多いこと，内部形態を必要とすること等で検索表は，多数種のフトミミズ属の形質を観察していないと利用しにくい点がある。フトミミズ属の種同定は幾つかの形質の組み合わせで行うことで可能である種が多い。したがって，3．5．3の分類図は，フトミミズ属の種同定で検索表より利用しやすいといえる。

表3-47 東京産フトミミズ属68種の検索表（下線の種名は筆者の新種記載種）

```
1. 腸盲嚢は指状 ……………………………………………………………………… 2
―  腸盲嚢は突起状 …………………………………………………………………… 22
―  腸盲嚢は鋸歯状 …………………………………………………………………… 50
―  腸盲嚢は多型状 ………………………………… P. megascolidioides ノラクラミミズ
2. 受精嚢孔は1対 ………………………………………… P. conjugata イッツイミミズ
―  受精嚢孔は2対 …………………………………………………………………… 3
―  受精嚢孔は3対 …………………………………………………………………… 10
3. 交接嚢は無い ……………………………………………………………………… 4
―  交接嚢は有る ………………………………………… P. shmardae キクチミミズ
4. 外部標徴は無い …………………………………………………………………… 5
―  外部標徴は有る …………………………………………………………………… 8
5. 性徴は無い ………………………………… P. irreguralis フキノクミミズ (in part)
―  性徴は有る ………………………………………………………………………… 6
6. 性徴は環帯前部にある ……………………………………………………………… 7
―  性徴は環帯後部18体節にある（小突起状で数個～十数個集合）
                                                  …… P. aokii アオキミミズ
7. 性徴は環帯前部7,8の体節にある（小突起が数個～十数個集合し斑状紋となる）……
                                           P. hilgendorfi ヒトツモンミミズ (in part)
―  性徴は環帯前部7体節剛毛線状に並んでいる（背面は縞模様を呈す）…………
                                                 P. vittata フトスジミミズ (in part)
8. 受精嚢孔は2対 ………………………………………… P. purpurata ニジイロミミズ
―  受精嚢孔は3対 …………………………………………………………………… 9
9. 第6-8体節腹面は肉色を呈し深溝がある（背面縞模様を呈す）P. striata (in part)
―  第6-8体節腹面は褐色斑がある ……………… P. agrestis ハタケミミズ (in part)
10. 外部標徴はない ………………………………………………………………… 11
```

―	外部標徴はある	21
11.	受精嚢孔は2対	12
―	受精嚢孔は3対	20
12.	性徴は環帯前部にある	13
―	性徴は環帯後部にある	14
13.	性徴は雄性孔を覆っている	P. okutamaensis シマチビミミズ
―	性徴は雄性孔と同形同大で互いに並んでいる	P. bigibberosa タニマミミズ
14.	性徴は集合し, 全形は斑紋を呈する	15
―	性徴は1－4個が直列に並ぶ	16
15.	性徴は第7－8体節腹面に斑紋として存在	P. hilgendorfi ヒトツモンミミズ (in part)
―	性徴は第18-19体節腹面に斑紋として存在	P. bimaculata ハンモンミミズ
16.	生殖線は瓶状複生殖腺である	17
―	生殖線は瓶状単生殖腺である	19
17.	受精嚢主嚢はシャベル型である	18
―	受精嚢主嚢は球状型である	P. silvatica ダイボサツミミズ
18.	性徴は第18体節環帯前後に存在	P. surcata ケイコクミミズ
―	性徴は第18体節環帯前部に存在	P. verticosa ミネダニミミズ
19.	性徴は第18体節剛毛線上に列をなす（背面は縞模様を呈す) P. vittata (in part)	
―	性徴は第7－8, 18体節に1－2対存在 …… P.irreguralis フキソクミミズ (in part)	
20.	小型である（体長 60-70㎜）	P. florea コガタミミズ
―	中型である（体長 150-250㎜）	P. communissima フツウミミズ
21.	外部標徴は褐色斑を呈す	P. agrestis ハタケミミズ (in part)
―	外部標徴は肉色斑を呈す	P. striata ホソスジミミズ (in part)
22.	受精嚢孔はない	P. imperfecta ツチイロコミミズ
―	受精嚢孔はある	23
23.	受精嚢孔は2対	24
―	受精嚢孔は3対	25
―	受精嚢孔は4対	30
―	受精嚢孔は5対	P. quintana ゴツイミミズ
24.	性徴はある	P. tamaensis タマミミズ
―	性徴はない	P. hiberna フユミミズ
25.	性徴はある	26
―	性徴はない	27
26.	背面体色は淡茶色	P. hypogaea ジングウミミズ
―	背面体色は淡赤色	P. edoensis ミカドミミズ
―	背面体色は緑茶色	P. hupeiensis クソミミズ
27.	受精嚢副嚢はない	28

―	受精嚢副嚢はある	29
28.	受精嚢主嚢はシャベル状	*P. stipata* ソラマメミミズ
―	受精嚢主嚢はこん棒状	*P. parvola* チッチミミズ
29.	受精嚢副嚢は導管部と卵形嚢状部からなる	*P. elliptica* イチョウミミズ
―	受精嚢副嚢は細管状	*P. phasela* イロジロミミズ
30.	性徴はある	31
―	性徴はない	35
31.	背孔は11/12より始まる	*P. rufidura* コカゲミミズ
―	背孔は12/13より始まる	32
32.	雄性孔は大型	*P. subrotunda* エンケイミミズ
―	雄性孔は中型	33
33.	受精嚢副嚢はない	*P. semilunaris* ハンゲツミミズ
―	受精嚢副嚢はある	34
34.	受精嚢副嚢は長い	*P. flavida* キオビミミズ
―	受精嚢副嚢は短い	36
35.	受精嚢副嚢の先端は卵形嚢状部となる	*P. pingi* カッショクシマフトミミズ
	受精嚢副嚢の先端は嚢状部とならない	*P. silvestris* シンリンミミズ
36.	性徴は環帯前部にある	37
―	性徴は環帯後部にある	40
37.	性徴は剛毛線前部にある	*P. heteropoda* ヘンセイミミズ
―	性徴は剛毛線後部にある	38
38.	受精嚢副嚢はない	*P. fulva* カッショクフトミミズ
―	受精嚢副嚢はある	39
39.	生殖腺はある	*P. subalpina* シマチビミミズ
―	生殖腺はない	*P. subterranea* コミチミミズ
40.	性徴は剛毛線前部にある	41
―	性徴は剛毛線後部にある	43
41.	第18体節性徴は体節上にあり雄性孔に接する	*P. octo* ハチノジミミズ
―	第18体節性徴は17/18間溝にあり雄性孔に接しない	*P. micronaria* ヒナフトミミズ
―	第18体節性徴は体節上にあり雄性孔に接しない	*P. carnosa* ヨコハラトガリミミズ
―	第18体節に性徴はない	42
42.	背面体色は白色	*P. lactea* タンショクミミズ
―	背面体色は茶色	*P. mitakensis* ミタケミミズ
43.	外部標徴はある	*P. comformis* オオダマミミズ
―	外部標徴はない	44
44.	受精嚢副嚢はない	*P. umbrosa* ヒカゲミミズ
―	受精嚢副嚢はある	45
45.	性徴は腹面正中線近くにある	*P. disticha* ニレツミミズ

—	性徴は腹面正中線より離れている	46
46.	性徴は小型 ……… *P. invisa* コツブミミズ	
—	性徴は中型	47
47.	性徴は環帯前部にある	48
—	性徴は環帯後部の剛毛線後部にある	49
48.	性徴は剛毛線前部にある ……… *P. mutabilis* ヘンイミミズ	
—	性徴は剛毛線上にある ……… *P. monticola* サンロクミミズ	
49.	性徴は第17, 18 体節にある ……… *P. nubicola* ミヤマミミズ	
—	性徴は第18, 19 体節にある ……… *P. hinoharaensis* ヒノハラミミズ	
50.	受精嚢孔は3対	51
—	受精嚢孔は4対	52
51.	性徴はある ……… *P. autumnalis* アキミミズ	
—	性徴はない ……… *P. maculosa* マダラミミズ	
52	性徴はある	53
—	性徴はない	61
53.	性徴は環帯の前部にある（時には後部にもある）……… *P. divergens* セグロミミズ	
—	性徴は環帯の後部にある	54
—	性徴は環帯前後部にある	58
54.	受精嚢は主嚢のみである ……… *P. alpestris* カラマツミミズ	
—	受精嚢は主嚢と副嚢よりなる	55
55.	生殖腺は瓶状単生殖腺 ……… *P. masatakae* フタツボシミミズ	
—	生殖腺は胞状生殖腺	56
56.	腸盲嚢は小型で薄い ……… *P. iizukai* イイヅカミミズ	
—	腸盲嚢は大型で厚い	57
57.	副嚢嚢状部は長ネジレ管状 ……… *P. dura* ハガネミミズ	
—	副嚢嚢状部はネジレ管状で先端は塊状 ……… *P. argentea* ギンイロミミズ	
58.	性徴は剛毛前部にある ……… *P. confusa* バラツキミミズ	
—	性徴は剛毛前後部にある	59
59.	受精嚢は主嚢のみである	60
—	受精嚢は主嚢と副嚢よりなる ……… *P. nipparaensis* ニッパラミミズ	
60.	受精嚢嚢状部小型で導管は太く短い ……… *P. setosa* サクラフトミミズ	
—	受精嚢嚢状部大型で導管は中太で長い ……… *P. nigella* クロボクミミズ	
61.	外部標徴はない ……… *P. montana* オヤマミミズ	
—	外部標徴はある	62
62.	外部標徴は環帯前後部にある ……… *P. imajimai* イマジマミミズ	
—	外部標徴は環帯後部にある	63
63.	外部標徴は大型吸盤状 ……… *P. turgida* オオフサミミズ	
—	外部標徴は中型吸盤状 ……… *P. atrorubens* タカオミミズ	

3.5.3 分類図

東京産フトミミズ属75種のうち7種のPheretima sp. 1-7を除く68種について，種の同定に必要な形質を記載し，それぞれの種の特徴が理解できるように描図し，以下に示した。描図にあたっては，特にフトミミズ属の分類に必要な形質及び同定法が分かるように描き表した。分類図中の1～17の表す形質は下記の通りである。

1. 前部腹面図　2. 腸盲嚢　3. 性徴　4. 生殖腺　5. 受精嚢
6. 貯精嚢　7. 雄性孔　8. 摂護腺　9. 外部標徴　10. 精巣
11. 卵巣　12. 腹髄神経　13. 受精嚢孔　14. 受卵器
15. 輸精管盲管　16. 交接嚢　17. その他の形態

表3-48はフトミミズ属を腸盲嚢の型により，Ⅰ-Ⅳに区分し，次に受精嚢孔対数により〔1〕-〔12〕に区分，そして性徴・生殖腺及び外部標徴の有無等によりさらに細区分したものである。68種の分類図はこの区分にしたがった順番である。

表3-48　東京産フトミミズ属グループ区分

区分	腸盲嚢	受精嚢孔対数	性徴	生殖腺	外部標徴	その他
Ⅰ-〔1〕	指状型	1対	無	無	無	
Ⅰ-〔2〕-1	指状型	2対	無	無	無	交接嚢保有
Ⅰ-〔2〕-2	指状型	2対	小粒状	瓶状単・複	無	
Ⅰ-〔2〕-3	指状型	2対	陥没状	瓶状複	無	雄性孔と性徴同形同大
Ⅰ-〔3〕-1	指状型	3対	無	無	無	
Ⅰ-〔3〕-2	指状型	3対	無	無	有彩色紋	

区分	腸盲嚢	受精嚢孔対数	性徴	生殖腺	外部標徴	その他
II-[4]	突起状型	0対	無	無	無	
II-[5]-1	突起状型	2対	無	無	無	
II-[5]-2	突起状型	2対	吸盤状	胞状	無	
II-[6]-1	突起状型	3対	吸盤状	胞状	無	
II-[6]-2	突起状型	3対	無	無	無	
II-[6]-3	突起状型	3対	無	無	吸盤状	
II-[7]-1	突起状型	4対	無	無	無	
II-[7]-2	突起状型	4対	吸盤状	胞状	無	
II-[7]-3	突起状型	4対	吸盤状	胞状	吸盤状	
II-[8]	突起状型	5対	陥没状	瓶状単	無	
III-[9]-1	鋸歯状型	3対	吸盤状	瓶状単	無	
III-[9]-2	鋸歯状型	3対	吸盤状	胞状	無	
III-[10]-1	鋸歯状型	4対	吸盤状	胞状	無	
III-[10]-2	鋸歯状型	4対	無	無	無	
III-[11]	鋸歯状型	4対	無	無	吸盤状	
IV-[12]	多型状型	5対	吸盤状	胞状	無	雄性孔19体節

1. *Pheretima conjugata* Ishizuka, 1999　イッツイミミズ

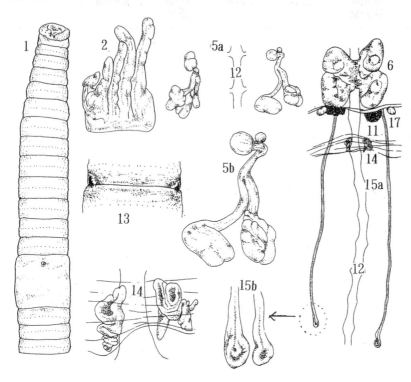

◇腸盲嚢指状犬型
◇受精嚢孔 1 対
　数変異多　正常：22%
　全欠：33%, 片側1；45%
◇性徴・生殖腺無
◆表層種, 一年生
◆体長 90-140mm
◆体色緑褐色（オリーブ色）
◆雄生孔保有率 0 %
◆東京奥多摩日原渓谷

1. 前部腹面
2. 腸盲嚢
4. 瓶状単生殖腺
5a. 受精嚢
5b. 受精嚢形態変異
6. 貯精嚢
11. 卵巣　14. 受卵器
12. 腹髄神経
13. 6/7 体節受精嚢孔
15a. 輸精管
15b 輸精管先端嚢状部
17. 受卵嚢

2. *Pheretima schmardae* (Horst, 1883)　キクチミミズ

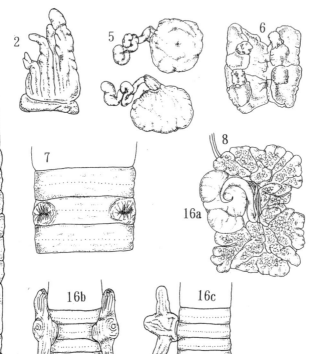

◇腸盲嚢指状犬型
◇受精嚢孔 2 対
◇性徴・生殖腺無
◇交接嚢有
◆表層種, 一年生
◆体長 50-100mm
◆体色濃緑褐色
◆東京都内～多摩地区
　九州～東北

1. 前部腹面
2. 腸盲嚢
5. 受精嚢
6. 貯精嚢
7. 第18体節雄性孔
8. 摂護腺
16a 交接嚢嚢状部
16b 第18体節雄性孔
　　より突出した交接嚢
16c 第18体節交接嚢
　　側面

3. *Pheretima aokii* Ishizuka, 1999　アオキミミズ

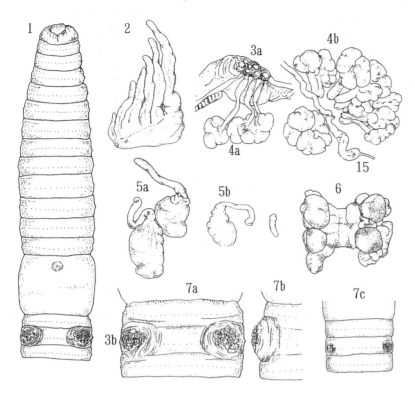

◇腸盲嚢指斗犬型
◇受精嚢孔 2 対
◇性徴・生殖腺有
　性徴数変異多
◆表層種，一年生
◆体長 60-130mm
◆体色　帯赤茶色
◆雄生孔・摂護腺無
◆東京都内〜奥多摩山地

1. 前部腹面
2. 腸盲嚢
3. 第18体節断面
　3a小粒状性徴と
　4a,b瓶状単生殖腺
5a. 受精嚢
5b. 変異受精嚢
6. 貯精嚢
7a, c. 第18体節小粒状
　3b性徴集合（斑紋）
7b. 第18体節側面
15. 輸精管先端の
　　盲管嚢状部

4. *Pheretima bimaculata* Ishizuka, 1999　ハンモンミミズ

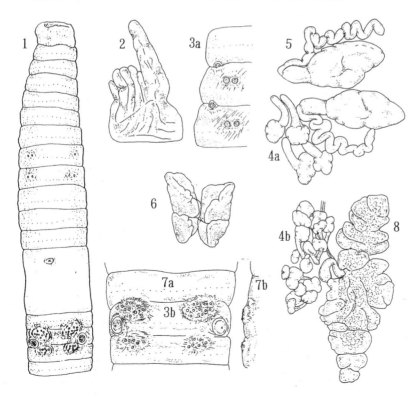

◇腸盲嚢指斗犬型
◇受精嚢孔 2 対
◇性徴・生殖腺有
　性徴数・位置変異多
◆表層種，一年生
◆体長 40-70mm
◆体色　帯淡赤茶色
◆山梨県大菩薩峠

1. 前部腹面
2. 腸盲嚢
3a.第7-9 体節片腹面
　小粒状性徴
4a, b. 瓶状単生殖腺
5. 受精嚢
6. 貯精嚢
7a.第18体節雄性孔と
　第17,19 体節
　3b小粒状性徴
7b. 第17-19 体節側面
8. 摂護腺と4b瓶状単
　生殖腺

5. *Pheretima hilgendorfi* (Michaelsen, 1892)　ヒトツモンミミズ

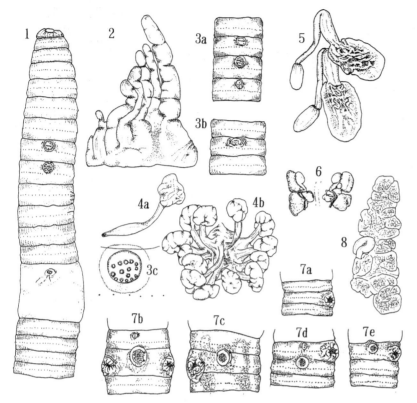

◇腸盲嚢指斗旨犬型
◇受精嚢孔 2 対
◇性徴（斑紋）
　　・生殖腺有
　斑紋数・位置変異多
◆表層種，一年生
◆体長 90-300mm
◆体色　茶色
◆雄生孔保有率 1 ％
◆東京都内〜奥多摩山地
　九州〜北海道，韓国

1. 前部腹面
2. 腸盲嚢
3a-c 第7-9 体節腹面
　　性的斑紋
　　（小粒状性徴集合部）
4a, b 瓶状単生殖腺
　　（3c性的斑紋体腔内）
5. 受精嚢, 6. 貯精嚢

7a-e 第17, 18 体節
　　雄性孔と性的斑紋
8. 摂護腺

6. *Pheretima irregularis* (Goto & Hatai, 1899)　フキソクミミズ

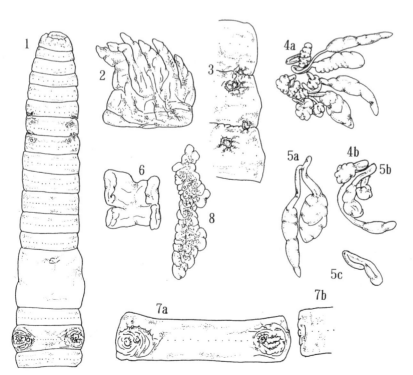

◇腸盲嚢指斗旨犬型
◇受精嚢孔 2 対
　数変異多　正常：15％
　全欠：42％，数1-3：43％
◇性徴・生殖腺有
　無性徴普通
◆表層種，一年生
◆体長 90-130mm
◆体色　茶色
◆雄生孔保有率 1 ％
　受精嚢形態多様
◆東京都内〜奥多摩山地
　九州〜北海道，韓国

1. 前部腹面
2. 腸盲嚢
3. 第6-8 体節小粒状性徴
4a, b. 瓶状単生殖腺
5a-c. 受精嚢
6. 貯精嚢
7a 第18体節雄性孔
7b 第18体節側面
8. 摂護腺

7. *Pheretima okutamaensis* Ishizuka, 1999　シマチビミミズ

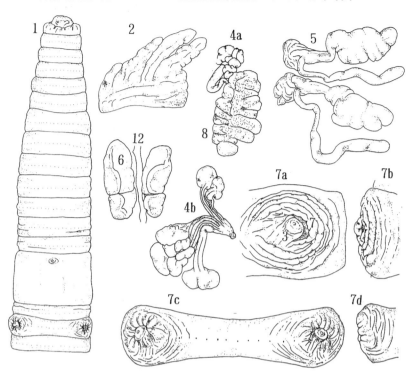

◇腸盲嚢指状大型
◇受精嚢孔 2 対
◇性徴・生殖腺有
◆表層種, 一年生
◆体長 45-70mm
◆体色　帯赤茶色
◆吸盤状性徴は雄性孔
　内に存在雄性孔を覆う
◆東京奥多摩山地

1. 前部腹面
2. 腸盲嚢
3. 吸盤状性徴
4a, b. 瓶状複生殖腺
5. 受精嚢
6. 貯精嚢
7a, c 第18体節雄性孔
　　と吸盤状性徴
7b, d. 第18体節側面

8. *Pheretima purpurata* Ishizuka, 1999　ニジイロミミズ

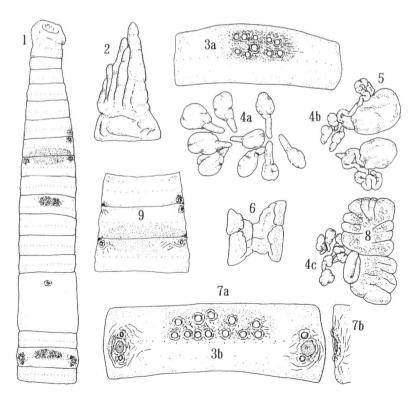

◇腸盲嚢指状大型
◇受精嚢孔 2 対
◇性徴・生殖腺有
◇外部標徴有（有彩色紋）
◆表層種, 一年生
◆体長 40-70mm
◆体色　帯赤紫褐色
◆赤紫光沢
◆東京奥多摩山地 高尾山

1. 前部腹面
2. 腸盲嚢
3a. 第10体節小粒状性徴
4a, b, c. 瓶状単生殖腺
5. 受精嚢
6. 貯精嚢
7a. 第18体節雄性孔と
　　3b小粒状性徴
7b. 第18体節側面
8. 摂護腺と瓶状単生殖腺
9. 第7, 8 体節外部標徴
　　（有彩色紋：褐色斑）

9. *Pheretima silvatica* Ishizuka, 1999　ダイボサツミミズ

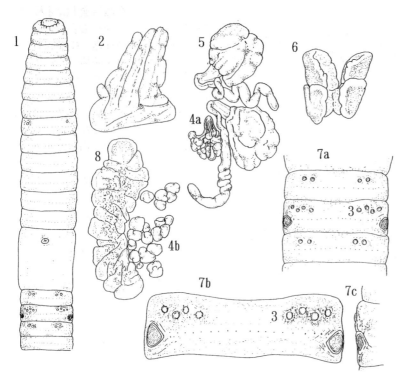

◇腸盲嚢指状犬型
◇受精嚢孔 2 対
◇性徴・生殖腺有
　性徴数・位置変異多
◆表層種，一年生
◆体長 60-80mm
◆体色　帯赤茶色
◆山梨県大菩薩峠

1. 前部腹面
2. 腸盲嚢
3. 第18体節小粒状性徴
4a. 第8 体節瓶状複生殖腺
4b. 第18体節瓶状複生殖腺
5. 受精嚢
6. 貯精嚢
7a. 第18体節雄性孔と
　　3. 小粒状性徴
7b. 第18体節側面
7c. 第18体節雄性孔と
　　3. 小粒状性徴
8. 摂護腺

10. *Pheretima surcata* Ishizuka, 1999　ケイコクミミズ

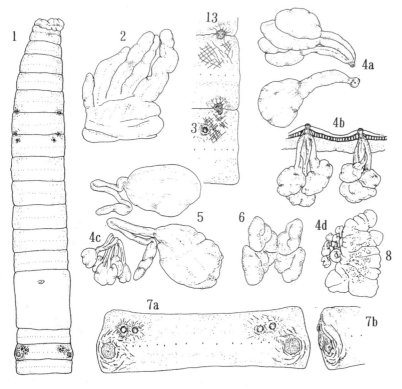

◇腸盲嚢指状犬型
◇受精嚢孔 2 対
◇性徴・生殖腺有
◆表層種，一年生
◆体長 70-100mm
◆体色　帯赤茶色
◆東京奥多摩山地

1. 前部腹面
2. 腸盲嚢
3. 第7 体節小粒状性徴と
　　第5/6/7 体節受精嚢孔
4a 第7 体節瓶状複生殖腺
4b 第18体節断面瓶状
　　複生殖腺
5. 受精嚢
6. 貯精嚢
7a 第18体節雄性孔と
　　小粒状性徴
7b 第18体節側面
8. 摂護腺と
　　4d瓶状複生殖腺

11. *Pheretima verticosa* Ishizuka, 1999　ミネダニミミズ

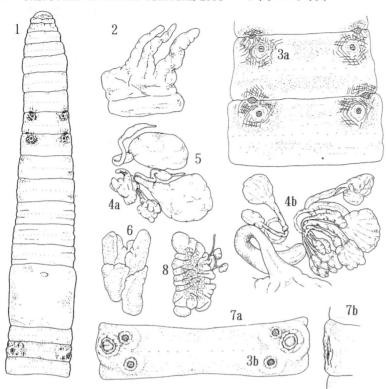

◇腸盲嚢指状犬型
◇受精嚢孔 2 対
◇性徴・生殖腺有
◆表層種, 一年生
◆体長 70-100mm
◆体色　帯赤茶色
◆東京奥多摩山地

1. 前部腹面
2. 腸盲嚢
3a. 第7-8 陥没状性徴
3b. 第18体節陥没状性徴
4a. 瓶状単生殖腺
4b. 第18体節瓶状単生殖腺と摂護腺導管
5. 受精嚢
6. 貯精嚢
7a. 第18体節雄性孔
7b. 第18体節側面
8. 摂護腺と瓶状複生殖腺

12. *Pheretima vittata* (Goto & Hatai, 1899)　フトスジミミズ

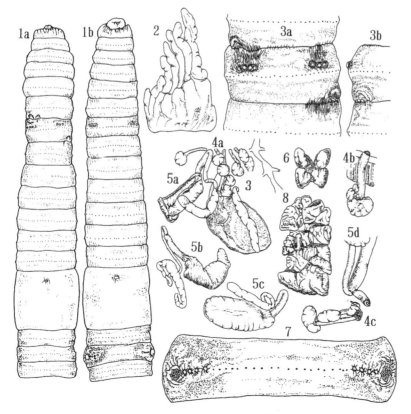

◇腸盲嚢指状犬型
◇受精嚢孔 2 対
　数変異多　正常:29%
　全欠:16%, 数1-3;55%
◇性徴・生殖腺有
　性徴数・位置変異多
◆表層種, 一年生
◆体長 90-200mm
◆体色茶地に赤茶縞模様
◆雄性孔,保有率6%
◆東京都内～奥多摩山地
　九州～北海道, 韓国

1a. 前部腹面雄性孔無
1b. 前部腹面雄性孔有
2. 腸盲嚢
3a. 第6-8 体節小粒状性徴
3b. 第6-8 体節側面小粒状
4a-c. 瓶状単生殖腺
5a-c. 受精嚢, 5d受精嚢導管　6. 貯精嚢
7. 第18体節雄性孔と小粒状性徴
8. 摂護腺と瓶状単生殖腺

13. *Pheretima bigibberosa* Ishizuka, 1999　タニマミミズ

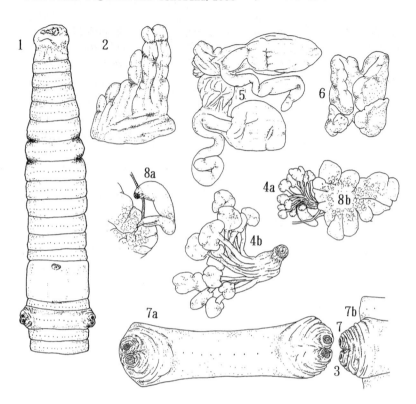

◇腸盲嚢指状犬型
◇受精嚢孔 2 対
◇性徴・生殖腺有
◆表層種，一年生
◆体長 55-75mm
◆体色　帯赤茶色
◆吸盤状性徴
　性徴と雄性孔同形同大
◆東京奥多摩山地

1. 前部腹面
2. 腸盲嚢
3. 第18体節吸盤状性徴
　 と7 同形同大雄性孔

4a, b.　瓶状複生殖腺
5. 受精嚢
6. 貯精嚢
7a. 第18体節雄性孔と
　　3. 吸盤状性徴
7b. 第18体節側面
8a. 摂護腺と摂護導管
8b. 摂護腺

14. *Pheretima communissima* (Goto & Hatai, 1898) フツウミミズ

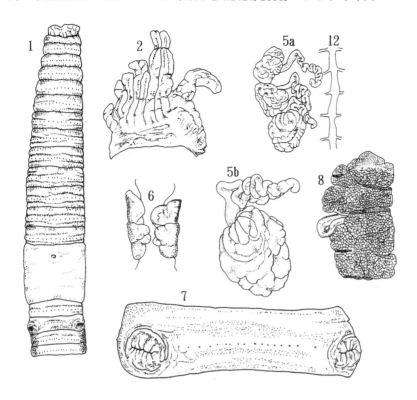

◇腸盲嚢指斗犬型
◇受精嚢孔 3 対
◇性徴・生殖腺無
◆表層種, 一年生
◆体長 90-180mm
◆体色 茶色
◆東京都内～多摩地区
　（河川沖積地に多し）

1. 前部腹面
2. 腸盲嚢
5a, b. 受精嚢
6. 貯精嚢
7. 第18体節雄性孔
8. 摂護腺
12. 腹髄神経

15. *Pheretima frolea* Ishizuka, 1999 コガタミミズ

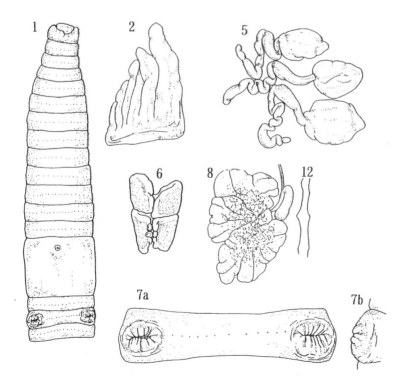

◇腸盲嚢指斗犬型
◇受精嚢孔 3 対
◇性徴・生殖腺無
◆表層種, 一年生
◆体長 60-80mm
◆体色 淡茶色
◆山梨県大菩薩峠

1. 前部腹面
2. 腸盲嚢
5. 受精嚢
6. 貯精嚢
7a. 第18体節雄性孔
7b. 第18体節側面
8. 摂護腺
12. 腹髄神経

16. Pheretima agrestis (Goto & Hatai, 1899) ハタケミミズ

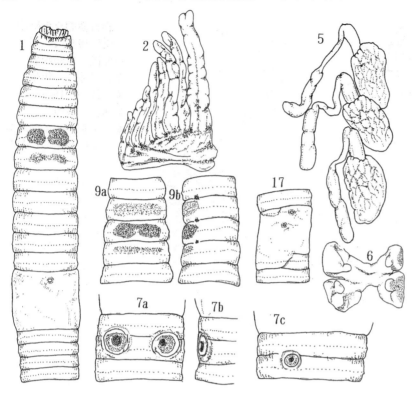

◇腸盲嚢指斗犬型
◇受精嚢孔 3 対
◇性徴・生殖腺無
◇外部標徴
　（有彩色紋：茶褐色斑）
　外部標徴位置変異多
◆表層種，一年生
◆体長 90-255mm
◆体色　茶色
◆東京都内～奥多摩山地
　九州～北海道，韓国
◆雄性孔保有率 1 ％

1. 前部腹面
2. 腸盲嚢
5. 受精嚢
6. 貯精嚢
7a, c. 第18体節雄性孔
7b. 第18体節側面
9a, b. 環帯前部腹面
　外部標徴
17. 環帯，雌性孔変異
　（このような 変異稀）

17. Pheretima striata Ishizuka, 1999 ホソスジミミズ

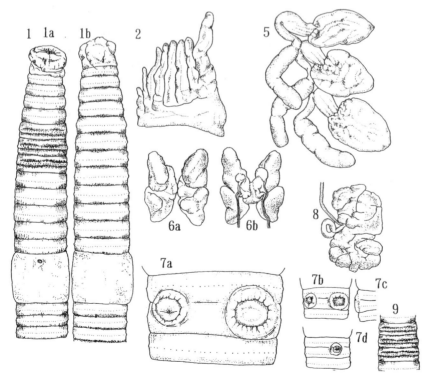

◇腸盲嚢指斗犬型
◇受精嚢孔 3 対
◇性徴・生殖腺無
◇外部標徴有
　有彩色紋：肉色斑
　深溝型：線状
◆表層種，一年生
◆体長 110-170mm
◆体色淡茶体色に細赤茶
　縞模様
◆東京都内～奥多摩山地

1a. 全部腹面
1b. 全部背面
2. 腸盲嚢
5. 受精嚢
6a. 貯精嚢背面
6b. 貯精嚢腹面
7a, b. 第18体節雄性孔
7c. 第18体節側面
7d. 第18体節雄性孔片側
8. 摂護腺
9. 第6-8 体節
　外部標徴：深溝型

18. *Pheretima imperfecta* Ishizuka, 1999　フカンゼンミミズ

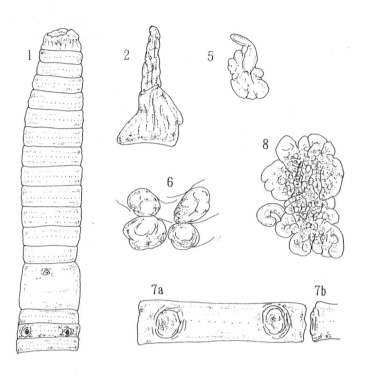

◇腸盲嚢突起状型
◇受精嚢孔 0 対
◇性徴・生殖腺無
◆浅層種，一年生
◆体長 50-95mm
◆体色　茶色
◆受精嚢無,
　受精嚢有稀
◆東京　高尾山

1. 前部腹面
2. 腸盲嚢
5. 受精嚢
　　（受精嚢有稀）
6. 貯精嚢
7a. 第18体節雄性孔
7b. 第18体節側面
8. 摂護腺

19. *Pheretima hiberna* Ishizuka, 1999　フユミミズ

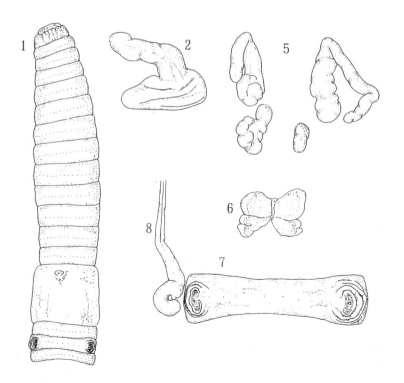

◇腸盲嚢突起状型
◇受精嚢孔 2 対
◇性徴・生殖腺無
◆浅層種，越年性
◆体長 114mm
◆体色　淡茶色
◆受精嚢形態変異多
◆東京奥多摩大丹波渓谷

1. 前部腹面
2. 腸盲嚢
5. 受精嚢
6. 貯精嚢
7. 第18体節雄性孔
8. 摂護腺導管
　　摂護腺体無

20. *Pheretima parvola* Ishizuka, 2000　チッチミミズ

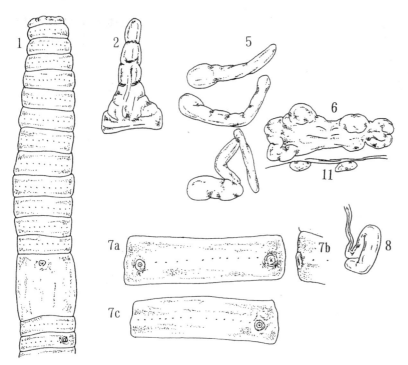

◇腸盲嚢突起状型
◇受精嚢孔 2 対
◇性徴・生殖腺無
◆浅層種，一年生
◆体長 45-62mm
◆体色　茶色
◆雄性孔有無変異多
◆東京　皇居

1. 前部腹面
2. 腸盲嚢
5. 受精嚢（副嚢有無変異有）
6. 貯精嚢
7a. 第18体節雄性孔
7b. 第18体節側面
7c. 第18体節雄性孔片側
8. 摂護腺導管　摂護腺体無
11. 卵巣

21. *Pheretima tamaensis* Ishizuka, 2000　タマミミズ

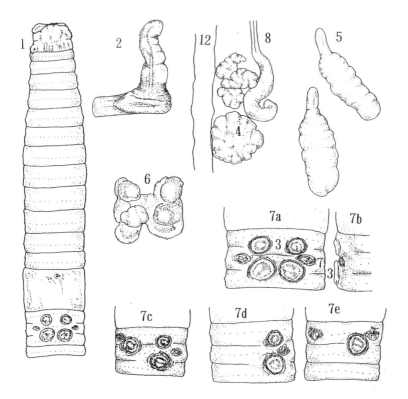

◇腸盲嚢突起状型
◇受精嚢孔 2 対
◇性徴・生殖腺有
　性徴数・位置変異多
◆浅層種，越年性
◆体長 60-90mm
◆体色　淡紫茶色
◆東京都内〜多摩地区

1. 前部腹面
2. 腸盲嚢
3. 吸盤状性徴
4. 胞状生殖腺
5. 受精嚢（副嚢無）
6. 貯精嚢
7a. 第18体節雄性孔
7b. 第18体節側面
7c-e. 第18体節雄性孔，3.吸盤状性徴数・位置変異
8. 摂護腺導管　摂護腺体無
12. 腹髄神経

22. *Pheretima hupeiensis* (Michaelsen, 1895) クソミミズ

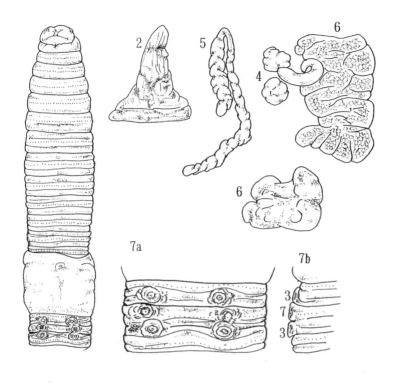

◇腸盲嚢突起状型
◇受精嚢孔 3 対
◇性徴・生殖腺有
◆浅層種, 越年性
◆体長 70-120mm
◆体色　緑茶褐色
◆生体時塊状となる
　四季生息相違変動
◆東京都内〜多摩地区
　九州〜北海道韓国・中国

1. 前部腹面
2. 腸盲嚢
3. 第17, 19 体節吸盤状
　　性徴
4. 胞状生殖腺
5. 受精嚢（受精嚢有稀）
6. 貯精嚢
7a. 第18体節雄性孔と
　　第17, 19 体節吸盤
　　性徴
7b. 第17-19 体節側面

23. *Pheretima hypogaea* Ishizuka, 1999 ジングウミミズ

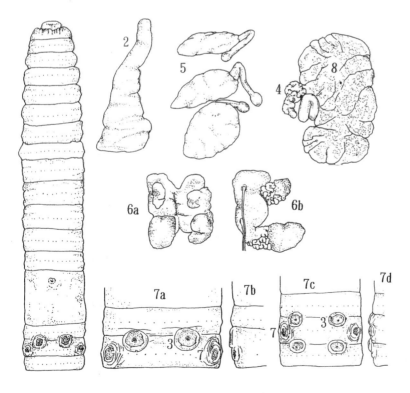

◇腸盲嚢突起状型
◇受精嚢孔 3 対
　数変異多　正常:58%
　全欠:0 %, 数3-5;42%
◇性徴・生殖腺有
　性徴数・位置変異多
◆浅層種, 越年性
◆体長 65-100mm
◆体色　淡茶色
◆東京　低地（都内緑地）

1. 前部腹面
2. 腸盲嚢
3. 第18, 19 体節吸盤状
4. 胞状生殖腺　　性徴
5. 受精嚢
6a. 貯精嚢背面
6b. 貯精嚢側面
7a, c. 第18体節雄性孔と
　　吸盤状性徴
7b, d. 第18体節側面

24. *Pheretima elliptica* Ishizuka, 1999　イチョウミミズ

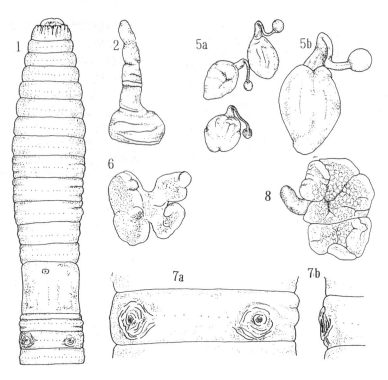

◇腸盲嚢突起状型
◇受精嚢孔 3 対
◇性徴・生殖腺無
◆浅層種, 越年性
◆体長 90-125mm
◆体色　淡茶色
◆東京　東京都内緑地

1. 前部腹面
2. 腸盲嚢
5a, b. 受精嚢
6. 貯精嚢
7a. 第18体節雄性孔
7b. 第18体節側面
8. 摂護腺

25. *Pheretima phasela* Hatai, 1930　イロジロミミズ

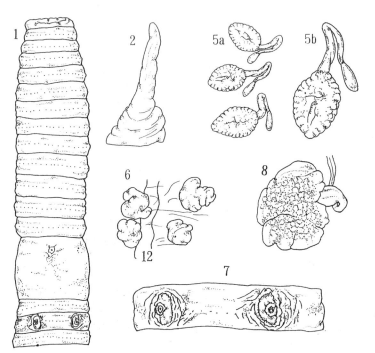

◇腸盲嚢突起状型
◇受精嚢孔 3 対
◇性徴・生殖腺無
◆浅層種, 越年性
◆体長 85-140mm
◆体色　淡茶色
◆雄性孔形態変異有
◆東京都内～奥多摩山地
　九州～北海道　韓国

1. 前部腹面
2. 腸盲嚢
5a, b. 受精嚢（副嚢無）
6. 貯精嚢
7. 第18体節雄性孔
8. 摂護腺
12. 腹髄神経

26. *Pheretima stipata* Ishizuka, 1999　ソラマメミミズ

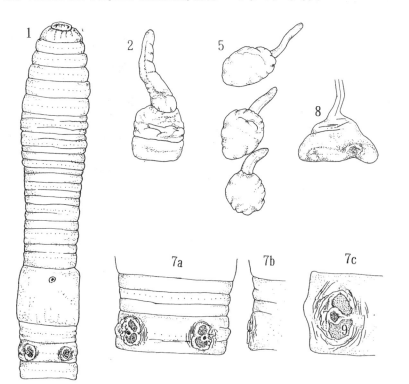

◇腸盲嚢突起状型
◇受精嚢孔 3 対
◇性徴・生殖腺無
◇外部標徴有（吸盤状型）
◆浅層種，越年性
◆体長 80-115㎜
◆体色　淡茶色
◆東京　低地（都内緑地）

1. 前部腹面
2. 腸盲嚢
5. 受精嚢（副嚢無）
7a. 第18体節雄性孔と 9外部標徴
7b. 第18体節側面
7c. 第18体節片側雄性孔 と 9外部標徴
8. 摂護腺塊状導管部 腺体無
9. 外部標徴

27. *Pheretima flavida* Ishizuka, 2000　キオビミミズ

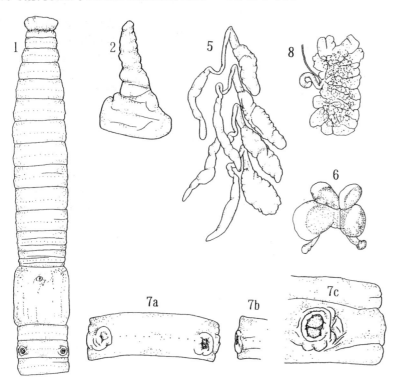

◇腸盲嚢突起状型
◇受精嚢孔 4 対
◇性徴・生殖腺無
◆浅層種
◆体長 130-170mm
◆体色　淡茶白色
◆東京　高尾山

1. 前部腹面
2. 腸盲嚢
5. 受精嚢
6. 貯精嚢
7a. 第18体節雄性孔
7b. 第18体節側面
7c. 第18体節片側雄性孔
8. 摂護腺

28. *Pheretima rufidula* Ishizuka, 2000　コカゲミミズ

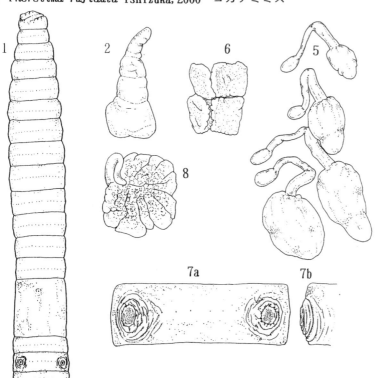

◇腸盲嚢突起状型
◇受精嚢孔 4 対
◇性徴・生殖腺無
◆浅層種, 越年性
◆体長 70-110mm
◆体色　帯赤茶色
◆東京奥多摩山地

1. 前部腹面
2. 腸盲嚢
5. 受精嚢
6. 貯精嚢
7a. 第18体節雄性孔
7b. 第18体節側面
8. 摂護腺

29. *Pheretima semilunaris* Ishizuka, 2000　ハンゲツミミズ

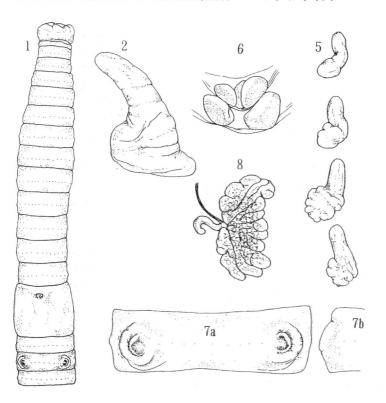

◇腸盲嚢突起状犬型
◇受精嚢孔 4 対
◇性徴・生殖腺無
◆浅層種, 越年性
◆体長 90-96mm
◆体色 淡茶色
◆東京奥多摩山地

1. 前部腹面
2. 腸盲嚢
5. 受精嚢（副嚢無）
6. 貯精嚢
7a. 第18体節雄性孔
7b. 第18体節側面
8. 摂護腺

30. *Pheretima silvestris* Ishizuka, 2000　シンリンミミズ

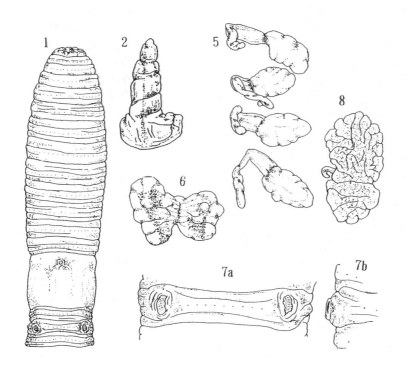

◇腸盲嚢突起状犬型
◇受精嚢孔 4 対
◇性徴・生殖腺無
◆浅層種, 越年性
◆体長 90-100mm
◆体色 淡茶色
◆東京奥多摩山地

1. 前部腹面
2. 腸盲嚢
5. 受精嚢（副嚢無）
6. 貯精嚢
7a. 第18体節雄性孔
7b. 第18体節側面
8. 摂護腺

31. *Pheretima subrotunda* Ishizuka, 2000　エンケイミミズ

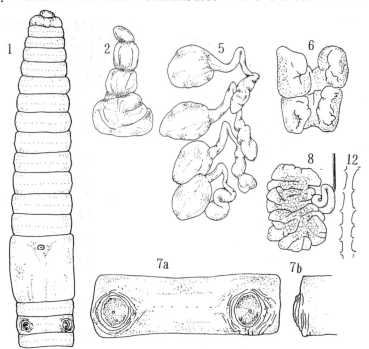

◇腸盲嚢突起状型
◇受精嚢孔 4 対
◇性徴・生殖腺無
◆浅層種
◆体長 40-65mm
◆体色　帯赤茶色
◆東京 奥多摩山地

1．前部腹面
2．腸盲嚢
5．受精嚢
6．貯精嚢
7a．第18体節雄性孔
7b．第18体節側面
8．摂護腺
10．腹髄神経

32. *Pheretima carnosa* (Goto & Hatai, 1899)　ヨコハラトガリミミズ

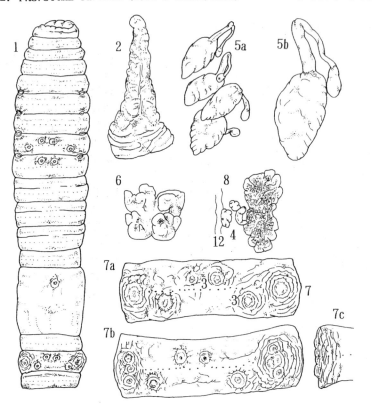

◇腸盲嚢突起状型
◇受精嚢孔 4 対
◇性徴・生殖腺有
◆深層種，越年性
◆体長 175-260mm
◆体色　茶色
◆東京　清澄庭園
　四国～北海道　韓国

1．前部腹面
2．腸盲嚢
3．吸盤状性徴
4．胞状生殖腺
5a, b．受精嚢
6．貯精嚢
7a．第18体節雄性孔と
　　3吸盤状性徴
7b．第18体節雄性孔と
　　3吸盤状性徴
7c．第18体節側面
8．摂護腺
12．腹髄神経

33. *Pheretima disticha* Ishizuka, 2000　ニレツミミズ

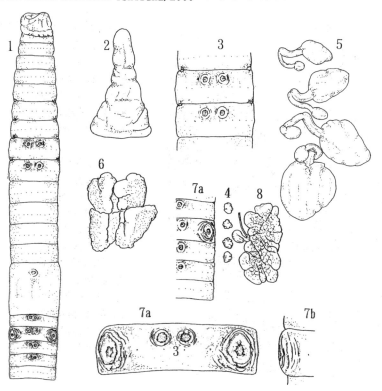

◇腸盲嚢突起状型
◇受精嚢孔 4 対
◇性徴・生殖腺無
　性徴数・位置変異多
◆浅層種，越年性
◆体長 40-70mm
◆体色　淡茶色
◆東京奥多摩山地

1. 前部腹面
2. 腸盲嚢
3. 吸盤状性徴
4. 胞状生殖腺
5. 受精嚢
6. 貯精嚢
7a. 第18体節雄性孔と
　　3吸盤状性徴
7b. 第18体節側面
8. 摂護腺

34. *Pheretima edoensis* Ishizuka, 2000　ミカドミミズ

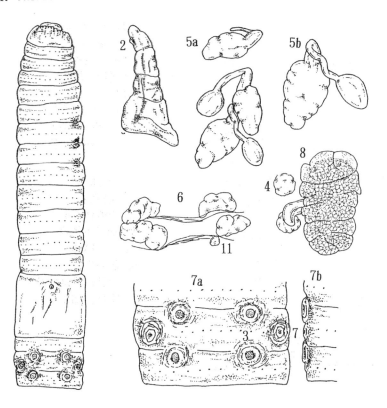

◇腸盲嚢突起状型
◇受精嚢孔 4 対
◇性徴・生殖腺有
◆浅層種，一年生
◆体長 50-80mm
◆体色淡赤茶色(ピンク色)
◆東京　皇居

1. 前部腹面
2. 腸盲嚢
3. 吸盤状性徴
4. 胞状生殖腺
5. 受精嚢
6. 貯精嚢
7a. 第18体節雄性孔と
　　第18,19体節吸盤状性徴
7b. 第17-19体節側面
8. 摂護腺
11. 卵巣

35. *Pheretima fulva* Ishizuka, 2000　カッショクミミズ

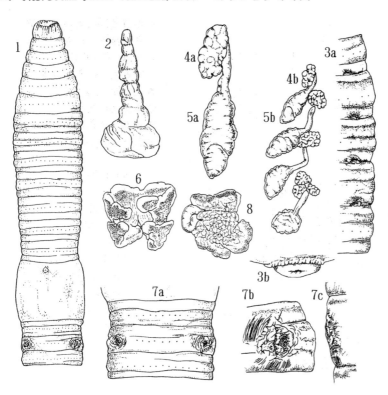

◇腸盲嚢突起状型
◇受精嚢孔 4 対
◇性徴・生殖腺有
◆浅層種　越年性
◆体長 130-230mm
◆体色　暗褐色
◆東京東久留米市

1. 前部腹面
2. 腸盲嚢
3a. 第5-8体節
　　吸盤状性徴
3b. 吸盤状性徴
4a, b. 胞状生殖腺
5. 受精嚢（副嚢無）
6. 貯精嚢
7a. 第18体節雄性孔
7b. 第18体節雄性孔
7c. 第18体節側面
8. 摂護腺

36. *Pheretima heteropoda* (Goto & Hatai, 1898)　ヘンイセイミミズ

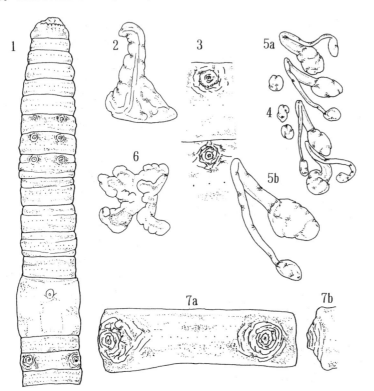

◇腸盲嚢突起状型
◇受精嚢孔 4 対
◇性徴・生殖腺有
◆浅層種，越年性
◆体長　90-210mm
◆体色　暗緑茶色
◆東京都内～奥多摩山地
　九州～東北　韓国

1. 前部腹面
2. 腸盲嚢
3. 吸盤状性徴
4. 胞状生殖腺
5a, b. 受精嚢
6. 貯精嚢
7a. 第18体節雄性孔と
7b. 第18体節側面

37. *Pheretima hinoharaensis* Ishizuka, 2000　ヒノハラミミズ

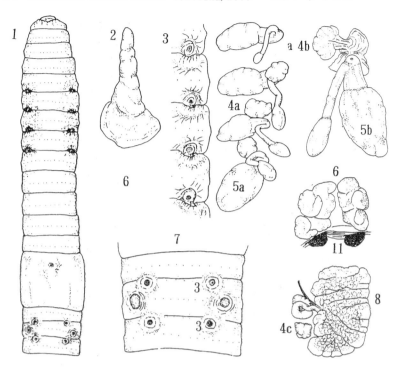

◇腸盲嚢突起状犬型
◇受精嚢孔 4 対
◇性徴・生殖腺有
◆浅層種，越年性
◆体長 60-85mm
◆体色　淡茶色
◆東京奥多摩山地

1. 前部腹面
2. 腸盲嚢
3. 第5-8 体節吸盤状性徴
4a-c. 胞状生殖腺
5a, b. 受精嚢
6. 貯精嚢
7. 第18体節雄性孔と
　　第18, 19 体節吸盤状
　　性徴
8. 摂護腺
11. 卵巣

38. *Pheretima invisa* Ishizuka, 2000　コツブミミズ

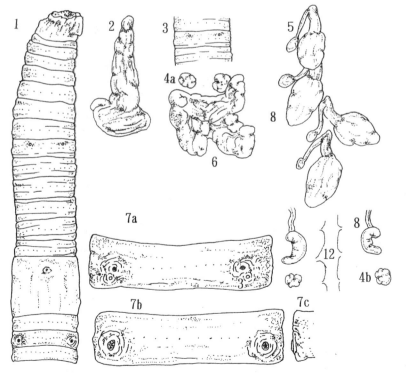

◇腸盲嚢突起状型
◇受精嚢孔 4 対
◇性徴・生殖腺有
◆浅層種
◆体長 70-105mm
◆体色帯赤茶色
◆東京奥多摩山地

1. 前部腹面
2. 腸盲嚢
3. 小吸盤状性徴
4a, b. 胞状生殖腺
5. 受精嚢
6. 貯精嚢
7a. 第18体節雄性孔
7b. 第17-19 体節側面
7c. 第18体節雄性孔と
　　小吸盤状性徴
8. 摂護腺
12. 腹髄神経

39. *Pheretima lactea* Ishizuka, 2000　タンショクミミズ

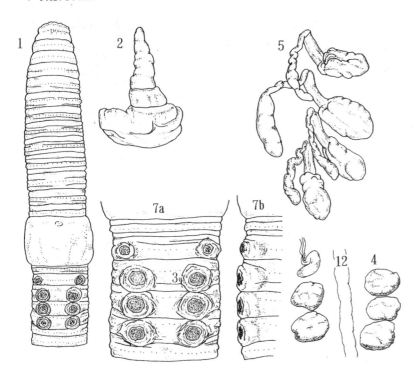

◇腸盲嚢突起状型
◇受精嚢孔 4 対
◇性徴・生殖腺有
◆浅層種　越年性
◆体長　80-95mm
◆体色　乳白色
◆東京東村山市多摩湖
　山梨県大菩薩峠

1. 前部腹面
2. 腸盲嚢
3a. 第19-21 体節
　　大吸盤状性徴
4. 胞状生殖腺
5. 受精嚢（副嚢無）
7a. 第18体節雄性孔と
　　第19-21 体節
　　大吸盤状性徴
7b. 第19-21 体節側面
8. 摂護腺導管（腺体無）
12. 腹髄神経

40. *Pheretima micronaria* (Goto & Hatai, 1898)　ヒナフトミミズ

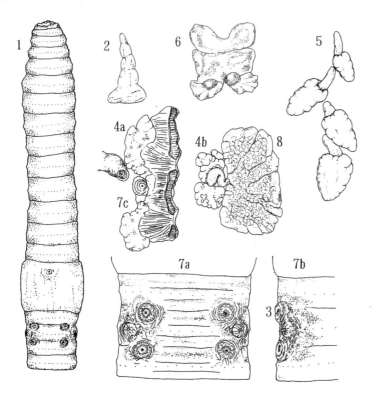

◇腸盲嚢突起状型
◇受精嚢孔 4 対
◇性徴・生殖腺有
◆浅層種，越年性
◆体長　90-210mm
◆体色　暗緑茶色
◆東京都内～奥多摩山地
　九州～東北

1. 前部腹面
2. 腸盲嚢
3. 吸盤状性徴
4a, b. 胞状生殖腺
5. 受精嚢
6. 貯精嚢
7a. 第18体節雄性孔と
　　第19-21 体節
　　吸盤状性徴
7b. 第17-19 体節側面
7c. 第18,19 体節断面
　　摂護腺導管と
　　胞状生殖腺
8. 摂護腺

41. *Pheretima mitakensis* Ishizuka, 2000　ミタケミミズ

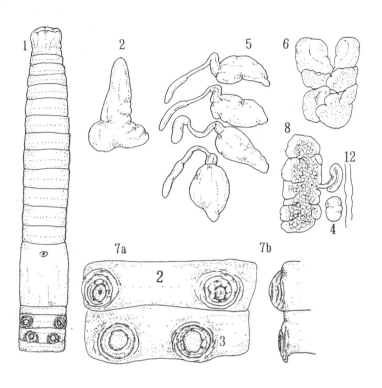

◇腸盲嚢突起状型
◇受精嚢孔 4 対
◇性徴・生殖腺有
◆浅層種
◆体長 80-95mm
◆体色　淡茶色
◆東京奥多摩山地

1. 前部腹面
2. 腸盲嚢
3. 第19体節吸盤状性徴
4. 胞状生殖腺
5. 受精嚢
6. 貯精嚢
7a. 第18体節雄性孔と第19体節大吸盤状性徴
7b. 第18, 19 体節側面
8. 摂護腺

42. *Pheretima monticola* Ishizuka, 2000　サンロクミミズ

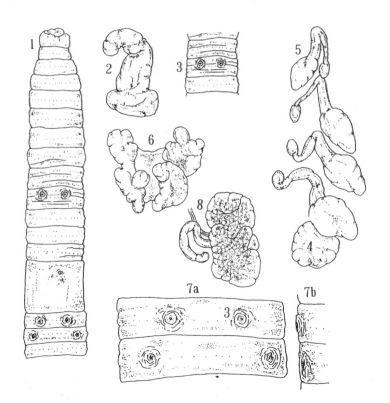

◇腸盲嚢突起状型
◇受精嚢孔 4 対
◇性徴・生殖腺有
◆浅層種
◆体長 70-105mm
◆体色　帯赤茶色
◆東京奥多摩山地

1. 前部腹面
2. 腸盲嚢
3. 吸盤状性徴
4. 胞状生殖腺
5. 受精嚢
6. 貯精嚢
7a. 第18体節雄性孔と
    3. 第17体節吸盤状性徴
7b. 第17, 18 体節側面
8. 摂護腺

43. *Pheretima mutabilis* Ishizuka, 2000　ヘンイミミズ

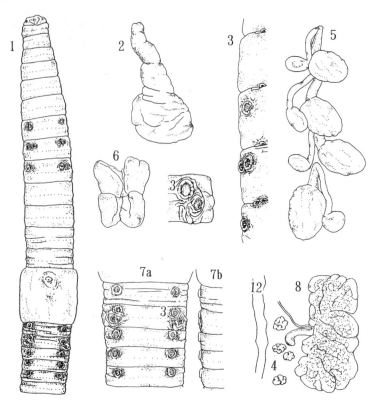

◇腸盲嚢突起状型
◇受精嚢孔 4 対
◇性徴・生殖腺有
　性徴数・位置変異多
◆浅層種　越年性
◆体長 80-95mm
◆体色　乳白色
◆東京　高尾山

1. 前部腹面
2. 腸盲嚢
3. 第7-9 体節
　吸盤状性徴
4. 胞状生殖腺
5. 受精嚢
6. 貯精嚢
7a. 第18体節雄性孔と
　　第17-21 体節
　　3 吸盤状性徴
7b. 第19-21 体節側面
8. 摂護腺
10. 腹髄神経

44. *Pheretima nubicola* Ishizuka, 2000　ミヤマミミズ

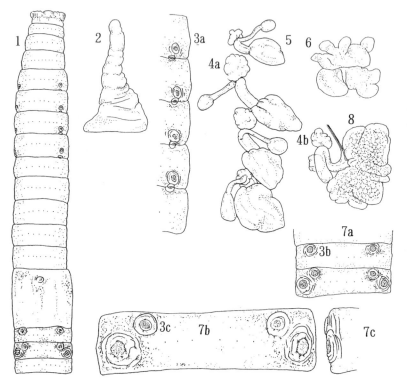

◇腸盲嚢突起状型
◇受精嚢孔 4 対
◇性徴・生殖腺有
　性徴数・位置変異多
◆浅層種，越年性
◆体長　70-130mm
◆体色　帯赤茶色
◆東京奥多摩山地

1. 前部腹面
2. 腸盲嚢
3a. 第5-8 体節
　吸盤状性徴
4a, b. 胞状生殖腺
5. 受精嚢
6. 貯精嚢
7a. 第18体節雄性孔と
　　第17, 18 体節
　　3b吸盤状性徴
7b. 第18体節
7c 第18体節側面
8. 摂護腺

45. *Pheretima octo* Ishizuka, 2000　ハチノジミミズ

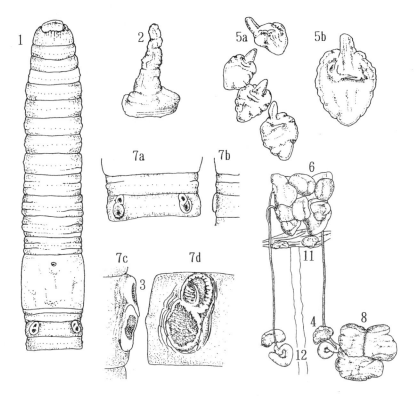

◇腸盲嚢突起状犬型
◇受精嚢孔 4 対
◇性徴・生殖腺有
◆浅層種, 一年生
◆体長 70-100mm
◆体色　茶色
◆東京　低地（都内緑地）

1. 前部腹面
2. 腸盲嚢
3. 第18体節吸盤状性徴
4. 胞状生殖腺
5a, b. 受精嚢
6. 貯精嚢
7a, d. 第18体節雄性孔と大吸盤状性徴
7b, c. 第18, 19 体節側面
8. 摂護腺
11. 卵巣
12. 腹髄神経

46. *Pheretima pingi* Chen, 1936　カッショクシマフトミミズ

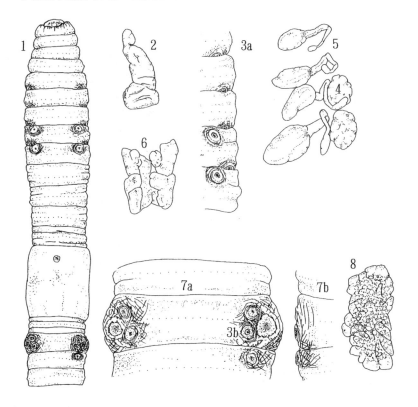

◇腸盲嚢突起状犬型
◇受精嚢孔 4 対
　数変異多　正常:79%
　全欠:0%　数3-7:21%
◇性徴・生殖腺有
◆深層種, 越年性
◆体長 200-250mm
◆体色　暗褐色黒縞模様
◆東京（都内緑地）　中国

1. 前部腹面
2. 腸盲嚢
3a. 第5-9 体節吸盤状性徴
4. 胞状生殖腺
5. 受精嚢
6. 貯精嚢
7a. 第18体節雄性孔と
3b. 吸盤状性徴
7b. 第18体節側面
8. 摂護腺

47. Pheretima subalpina Ishizuka, 2000　シマオビフトミミズ

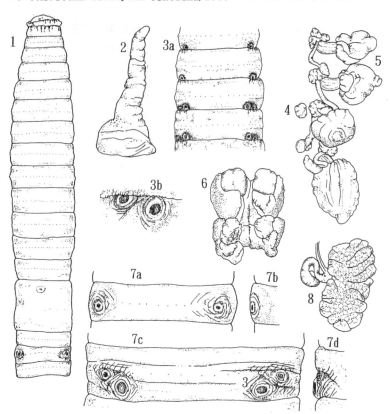

◇腸盲嚢突起状型リ
◇受精嚢孔 4 対
◇性徴・生殖腺有
　性徴数・位置変異多
◆浅層種　越年性
◆体長　175-250mm
◆体色　淡茶色
◆東京多摩地区

1. 前部腹面
2. 腸盲嚢
3a. 第6-9 体節
　　吸盤状性徴
3b. 体節間溝の
　　吸盤状性徴
4. 胞状生殖腺
5. 受精嚢
6. 貯精嚢
7a. 第18体節雄性孔と
　　3b. 吸盤状性徴
7b. 第18体節側面
7c. 第18体節雄性孔と
7d. 第18体節側面
8. 摂護腺

48. Pheretima subterranea Ishizuka, 2000　コミチミミズ

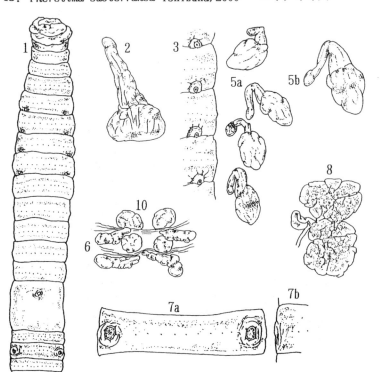

◇腸盲嚢突起状型
◇受精嚢孔 4 対
◇性徴・生殖腺有
　性徴数・位置変異多
◆浅層種
◆体長　130-230mm
◆体色　帯赤茶色
◆東京奥多摩山地

1. 前部腹面
2. 腸盲嚢
3. 第5-8 体節
　　吸盤状性徴
5a, b. 受精嚢
6. 貯精嚢
7a. 第18体節雄性孔
7b. 第18体節側面
8. 摂護腺
10. 精巣

49. Pheretima umbrosa Ishizuka, 2000　ヒカゲミミズ

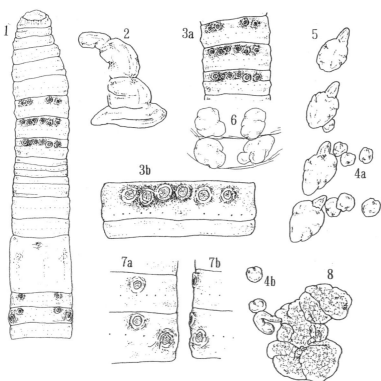

◇腸盲嚢突起状型
◇受精嚢孔 4 対
◇性徴・生殖腺有
◆浅層種
◆体長 80-105mm
◆体色　淡茶色
◆東京奥多摩山地

1. 前部腹面
2. 腸盲嚢
3a. 第7-9 体節吸盤状性徴
3b. 第9 体節吸盤状性徴
4a, b. 胞状生殖腺
5. 受精嚢
6. 貯精嚢
7a. 第18体節雄性孔と第17, 18体節吸盤状性徴
7b. 第17, 18 体節側面
8. 摂護腺

50. Pheretima conformis Ishizuka, 2000　オオダマミミズ

◇腸盲嚢突起状型
◇受精嚢孔 4 対
◇性徴・生殖腺有
◇外部標特徴有
　（吸盤状型）
◆深層種, 一年生
◆体長 70-130mm
◆体色　赤紫褐色
◆東京奥多摩山地

1. 前部腹面
2. 腸盲嚢
3. 第17体節大吸盤状性徴
4a, b. 第17体節胞状生殖腺
4c. 4b 断面胞状生殖腺
5. 受精嚢　6. 貯精嚢
7a. 第18体節雄性孔と第17体節大吸盤状性徴
7b. 第17, 18 体節側面
8. 摂護腺
9. 第10体節外部標特徴大吸盤状型（腺体無）
12. 腹髄神経

51. *Pheretima quintana* Ishizuka, 2000　ゴツイミミズ

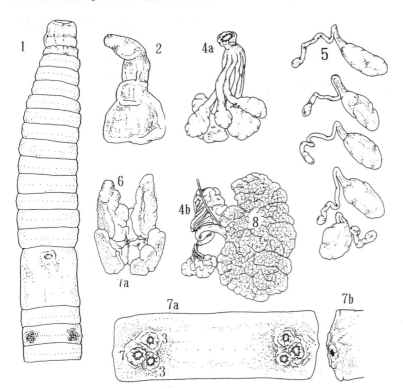

◇腸盲嚢突起状型
◇受精嚢孔 5 対
◇性徴・生殖腺有
◆浅層種，一年生
◆体長 65-80mm
◆体色　帯赤茶色
◆雄性孔と性徴同形同大
◆**東京奥多摩山地**

1. 前部腹面
2. 腸盲嚢
3. 第18体節陥没状性徴
4a, b. 瓶状複生殖腺
5. 受精嚢
6. 貯精嚢
7a. 第18体節雄性孔と
　　陥没状性徴（雄性孔
　　と同形同大）
7b. 第18体節側面
8. 摂護腺

52. *Pheretima masatakae* (Beddard, 1892) フタツボシミミズ

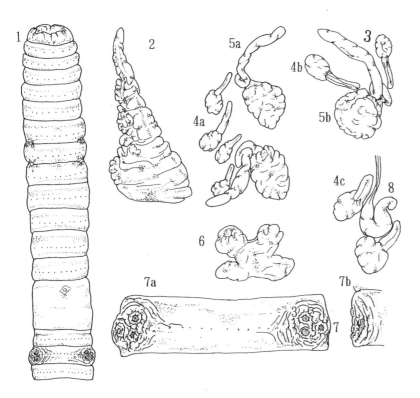

◇腸盲嚢鋸歯状型
◇受精嚢孔 2 対
◇性徴・生殖腺有
◆深層種, 越年性
◆体長 190-260mm
◆体色 茶色
◆東京都内緑地
　九州～関東　韓国

1. 前部腹面
2. 腸盲嚢
3. 第18体節吸盤状性徴
4a-c. 瓶状単生殖腺
5a, b. 受精嚢
6. 貯精嚢
7a. 第18体節雄性孔と
　　吸盤状性徴
7b. 第18体節側面
8. 摂護腺導管（腺体無）

53. *Pheretima maculosa* Ishizuka, 2000 マダラミミズ

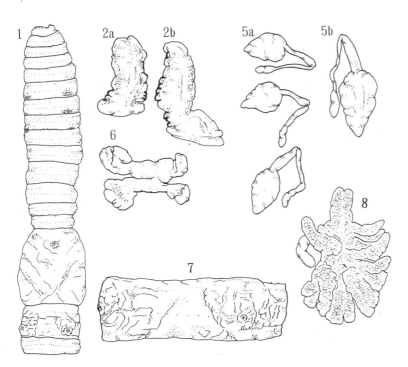

◇腸盲嚢突起状型
◇受精嚢孔 3 対
◇性徴・生殖腺無
◆浅層種, 越年性
◆体長 85-140mm
◆体色　淡茶白色
◆東京　小石川植物園
　関東～北海道

1. 前部腹面
2a, b. 腸盲嚢
5a, b. 受精嚢
6. 貯精嚢
7. 第18体節雄性孔
8. 摂護腺

54. *Pheretima autamunalis* Ishizuka, 1999　アキミミズ

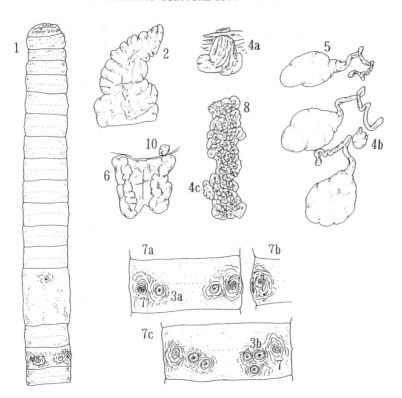

◇腸盲嚢鋸歯状大型
◇受精嚢孔 3 対
◇性徴・生殖腺有
　性徴数・位置変異多
◆浅層種, 越年性
◆体長 95-155mm
◆体色　暗赤褐色
◆東京東久留米市

1. 前部腹面
2. 腸盲嚢
3a, b. 第18体節吸盤状
　性徴
4a, 4b 断面胞状生殖腺
4c. 瓶状単生殖腺
5. 受精嚢　6. 貯精嚢
7a, c. 第18体節雄性孔
　と吸盤状性徴
7b. 第18体節側面
8. 摂護腺

55. *Pheretima alpestris* Ishizuka, 1999　カラマツミミズ

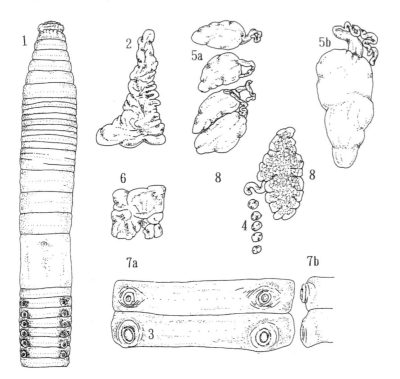

◇腸盲嚢鋸歯状大型
◇受精嚢孔 4 対
◇性徴・生殖腺有
◆深層種, 越年性
◆体長 103mm
◆体色　茶色
◆東京奥多摩七ツ石山

1. 前部腹面
2. 腸盲嚢
3. 第19体節吸盤状性徴
4. 胞状生殖腺
5a, b. 受精嚢
6. 貯精嚢
7a. 第18体節雄性孔と
　吸盤状性徴
7b. 第18体節側面
8. 摂護腺

56. *Pheretima argentea* Ishizuka, 2000　ギンイロミミズ

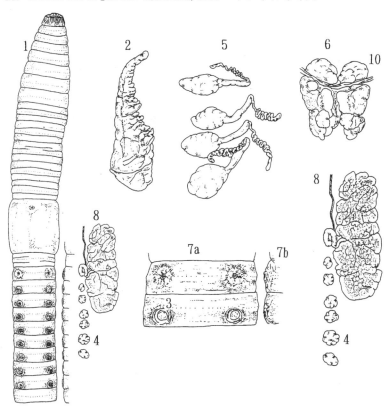

◇腸盲嚢鋸歯状犬型
◇受精嚢孔 4 対
◇性徴・生殖腺有
◆深層種，越年性
◆体長　258mm
◆体色暗褐色（銀色光沢）
◆東京　高尾山

1. 前部腹面
2. 腸盲嚢
3. 第19体節吸盤状性徴
4. 胞状生殖腺
5. 受精嚢
6. 貯精嚢
7a. 第18体節雄性孔
　　 第19体節吸盤状性徴
7b. 第18, 19 体節側面
8. 摂護腺

57. *Pheretima confusa* Ishizuka, 1999　バラツキミミズ

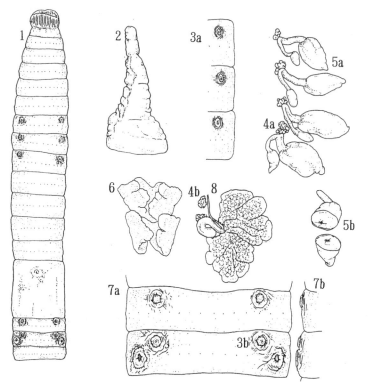

◇腸盲嚢鋸歯状犬型
◇受精嚢孔 4 対
◇性徴・生殖腺有
◆深層種，越年性
◆体長　100-145mm
◆体色　単赤茶色
◆東京奥多摩山地, 高尾山

1. 前部腹面
2. 腸盲嚢
3a. 第7-9 体節吸盤状性徴
3b. 第17, 18 体節吸盤状性徴
4a, b. 瓶状単生殖腺
5a. 受精嚢
5b. 受精嚢主嚢断面
6. 貯精嚢
7a. 第18体節雄性孔と第17,
　　 18体節吸盤状性徴
7b. 第17, 18 体節側面
8. 摂護腺

58. *Pheretima divergens* (Michaelsen, 1892)　セグロミミズ

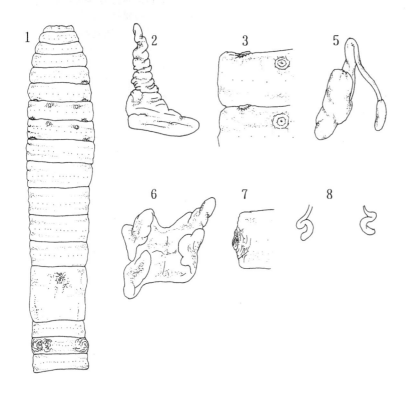

◇腸盲嚢鋸歯状大型
◇受精嚢孔 4 対
◇性徴・生殖腺有
　性徴数・位置変異多
◆浅層種, 越年性
◆体長 90-220mm
◆体色 茶色
◆東京都内〜奥多摩山地
　九州〜北海道

1. 前部腹面
2. 腸盲嚢
3. 第7,8体節吸盤状性徴
5. 受精嚢
6. 貯精嚢
7. 第18体節雄性孔側面
8. 摂護腺導管（腺体無）

59. *Pheretima dura* Ishizuka, 1999　ハガネミミズ

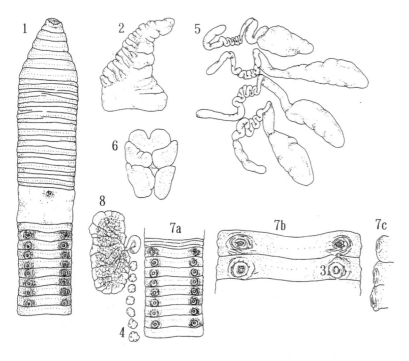

◇腸盲嚢鋸歯状大型
◇受精嚢孔 4 対
◇性徴・生殖腺有
　性徴数変異有
◆深層種, 越年性
◆体長 130-180mm
◆体色 暗赤褐色
◆東京奥多摩山地

1. 前部腹面
2. 腸盲嚢
3. 第19体節吸盤状性徴
4. 胞状生殖腺
5. 受精嚢
6. 貯精嚢
7a. 第18体節雄性孔と第
　 19-25 体節吸盤状性徴
7b. 第18体節雄性孔と
　 第19体節吸盤状性徴
7c. 第18,19 体節側面
8. 摂護腺

60. *Pheretima iizukai* (Goto & Hatai, 1899)　イイズカミミズ

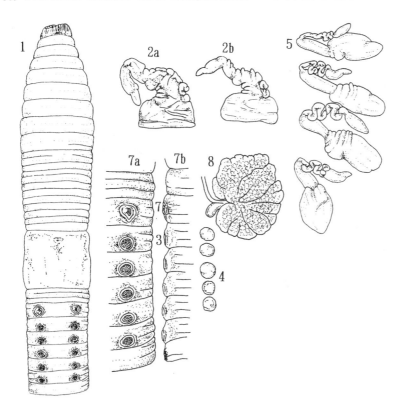

◇腸盲嚢鋸歯状型
◇受精嚢孔 4 対
◇性徴・生殖腺有
◆深層種, 越年性
◆体長　250-450mm
◆体色　淡褐色
◆東京奥多摩山地, 高尾山

1. 前部腹面
2a, b. 腸盲嚢
3. 第19体節吸盤状性徴
4. 胞状生殖腺
5. 受精嚢
7a. 第18体節雄性孔と
　　第19-25 体節吸盤状性
7b. 第18-25 体節側面
8. 摂護腺

61. *Pheretima negera* Ishizuka, 2000　クロボクミミズ

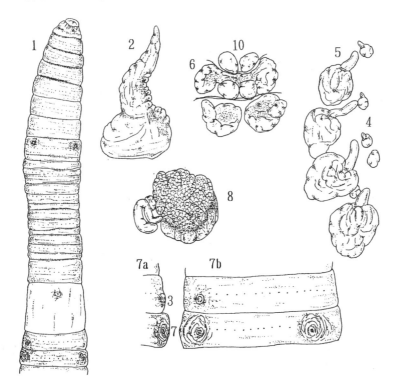

◇腸盲嚢鋸歯状型
◇受精嚢孔 4 対
◇性徴・生殖腺有
◆深層種, 越年性
◆体長 137mm
◆体色　暗赤褐色
◆東京　皇居

1. 前部腹面
2. 腸盲嚢
3. 第17体節吸盤状性徴
4. 胞状生殖腺
5. 受精嚢
6. 貯精嚢
7a. 第17, 18 体節側面
7b. 第18体節雄性孔と
　　第17体節吸盤状性徴
8. 摂護腺
10. 精巣

62. *Pheretima nipparaensis* Ishizuka, 1999　ニッパラミミズ

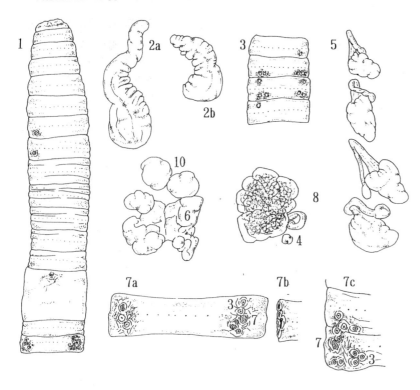

◇腸盲嚢鋸歯状型
◇受精嚢孔 4 対
◇性徴・生殖腺有
　性徴数・位置変異多
◆深層種，越年性
◆体長　150-155mm
◆体色　帯赤茶色
◆東京奥多摩山地

1. 前部腹面
2a, b. 腸盲嚢
3. 第7-9体節吸盤状性徴
4. 胞状生殖腺
5. 受精嚢
6. 貯精嚢
7a. 第18体節雄性孔と
　　吸盤状性徴
7b. 第18体節側面
7c. 第17-18 片側体節
　　吸盤状性徴
8. 摂護腺
10. 精巣

63. *Pheretima setosa* Ishizuka, 2000　サクラフトミミズ

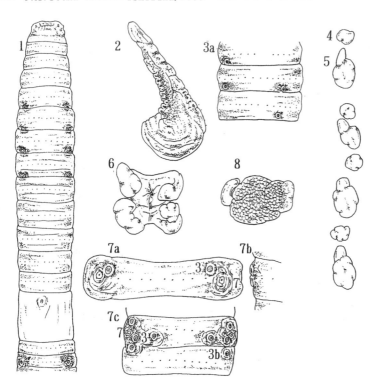

◇腸盲嚢鋸歯状型
◇受精嚢孔 4 対
◇性徴・生殖腺有
　性徴数変異有
◆深層種，越年性
◆体長　145-170mm
◆体色　暗赤褐色
◆東京　皇居

1. 前部腹面
2. 腸盲嚢
3a. 第5-8 体節吸盤状性徴
3b. 第19体節吸盤状性徴
4. 胞状生殖腺
5. 受精嚢（副嚢無）
6. 貯精嚢
7a. 第18体節雄性孔と
　　吸盤状性徴
7b. 第18体節側面
7c. 第18体節雄性孔と第
　　18, 19 体節吸盤状性徴
8. 摂護腺

64. *Pheretima montana* Ishizuka, 1999　ヤマミミズ

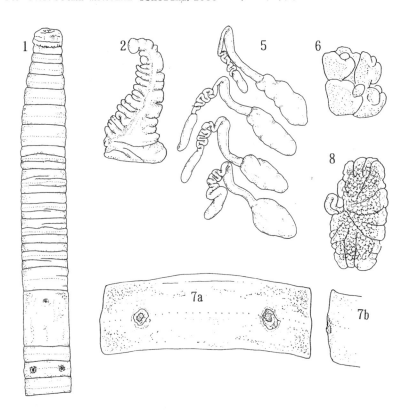

◇腸盲嚢鋸歯状犬型
◇受精嚢孔 4 対
◇性徴・生殖腺無
◆深層種，越年性
◆体長　150-250mm
◆体色　暗赤褐色
◆東京奥多摩山地

1. 前部腹面
2. 腸盲嚢
5. 受精嚢
6. 貯精嚢
7a. 第18体節雄性孔
7b. 第18体節側面
8. 摂護腺

65. *Pheretima atrorubens* Ishizuka, 1999　タカオミミズ

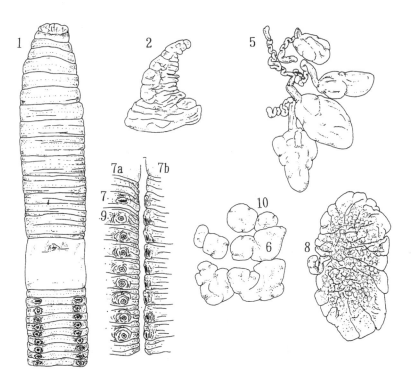

◇腸盲嚢鋸歯状犬型
◇受精嚢孔 4 対
◇性徴・生殖腺無
◇外部標徴有（吸盤状型）
◆深層種，越年性
◆体長　200-220mm
◆体色　暗赤褐色
◆東京　高尾山

1. 前部腹面
2. 腸盲嚢
5. 受精嚢
6. 貯精嚢
7a. 第18体節雄性孔と
　　外部標徴（吸盤状型）
7b 第17-25 体節側面
8. 摂護腺
9. 第17-24 体節
　　外部標徴（吸盤状型）
10. 精巣

66. *Pheretima imajimai* Ishizuka, 1999　イマジマミミズ

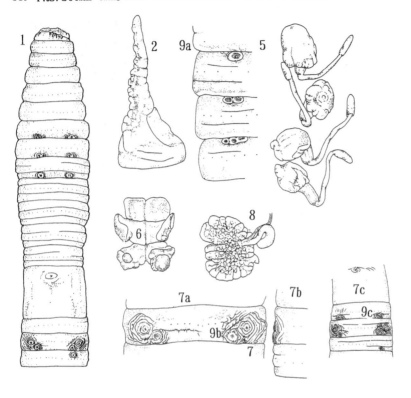

◇腸盲嚢鋸歯状大型
◇受精嚢孔 4 対
◇性徴・生殖腺無
◇外部標徴有（吸盤状型）
　外部標徴位置変異有
◆深層種，越年性
◆体長　210-260mm
◆体色　帯黄茶色
◆東京新宿区国科博分館

1. 前部腹面
2. 腸盲嚢
5. 受精嚢　6. 貯精嚢
7a. 第18体節雄性孔と
　　吸盤状外部標徴
7b. 第18, 19 体節側面
7c. 第18体節雄性孔と第
　　18, 19 体節吸盤状
　　外部標徴
8. 摂護腺
9a, b. 外部標徴
　　（吸盤状型）

67. *Pheretima turgida* Ishizuka, 1999　オオフサミミズ

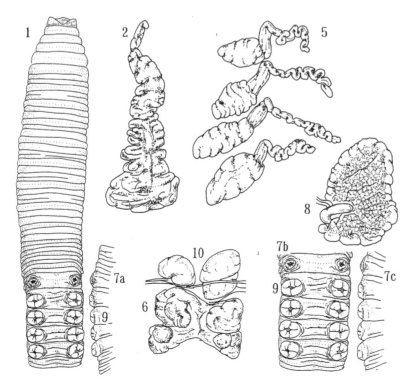

◇腸盲嚢鋸歯状大型
◇受精嚢孔 4 対
◇性徴・生殖腺無
◇外部標徴有（吸盤状型）
◆深層種，越年性
◆体長 2600mm
◆体色　赤褐色
◆東京　高尾山

1. 前部腹面
2. 腸盲嚢
5. 受精嚢
6. 貯精嚢
7a. 第16-23 体節側面
7b. 第18体節雄性孔と第
　　19-22 体節吸盤状
　　外部標徴
7c. 第18-22 体節側面
8. 摂護腺
10. 精巣

68. *Pheretima megascolidioides* (Goto & Hatai, 1899)　　ノラクラミミズ

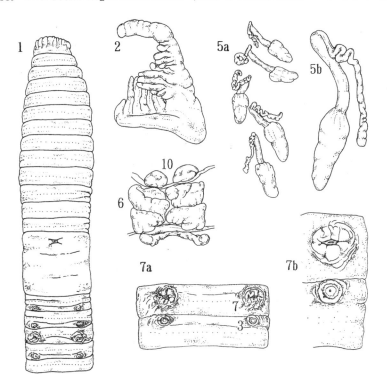

◇腸盲嚢多 型状大型
◇受精嚢孔 5 対
◇性徴・生殖腺有
◇雄性孔第19体節腹面
◆深層種, 越年性
◆体長　150-190mm
◆体色　茶色
◆東京　低地（都内緑地）
　九州〜東北　韓国

1. 前部腹面
2. 腸盲嚢
3. 第20体節吸盤状性徴
5a, b. 受精嚢
6. 貯精嚢
7a. 第19体節雄性孔
　　第20体節吸盤状性徴
7b. 第18, 19 体節片側
　　雄性孔と吸盤状性徴
10. 精巣

第4章 考察

　これまで，フトミミズ属の分類・同定は困難であるとされてきた。事実，過去の手法で分類・同定を試みれば，一部の種を除き同定は困難である。しかし，フトミミズ属の分類・同定に必要な形質について形質同士の関連性，外部形態と内部形態の関連性，形質と生活様式の関連性を総合的に検討した結果，分類の決め手を確定することができた。その結果，東京産フトミミズ属75種を確定することができ，フトミミズ属の分類が確実に行えるようになった。従来，このようなとらえ方で形質を見ていなかったために分類に必要な形質を明確にすることができず，したがって分類・同定が困難であったと考えられる。本論文に示した手法はわが国以外のミミズの分類にも適用できるものと思われる。すでに東京産51種 (Ishizuka, 1999b-d, Ishizuka, 2000c, d, Ishizuka et al., 2000b)，沖縄産2種 (Ishizuka et al., 2000a) の新種記載発表は本研究の手法によって可能となったものである。

4.1 形質と分類について

　腸盲嚢を基準にした分類法は，生活様式との関連性が強く，フトミミズ属の生態を研究するうえでも有効であると考えられる。この基準は東京以外の既知種や沖縄，四国，九州，近畿等で石塚が採集したフトミミズ属にもあてはまる。したがってこの手法でフトミミズ属の分類・同定が可能であると判断した。

　Michaelsen(1934)は腸盲嚢に関して非常に短い簡単なものから鋸歯状型，さらに指状型へと変化していったものであるとしている。しかし，従来，腸盲嚢の形状と他の形質や生態との関連性についての報告はなかった。また，腸盲嚢のはたらきは明確ではなく，過去の研究では消化器系の形質とみなされているが，腸盲嚢の具体的な機能についての報告はなされていない。フトミミズ属の食性と何らかの関係があるものと推測され，それが何であるかは今後の研究課題の一つである。

　腸盲嚢の4型の変化は東京産フトミミズ属より，次のように考えられる。腸盲嚢の基本型は突起状型であり，この突起状型より指状型のグループと鋸歯型・多形型グループに分岐していったと考えられる。その根拠としては，突起状型のグループの種数が多いこと，このグループのものには一年生と越年性の両タイプがみられること，生息層が指状型と鋸歯状型の中間に位置することの3点である（図4-1）。

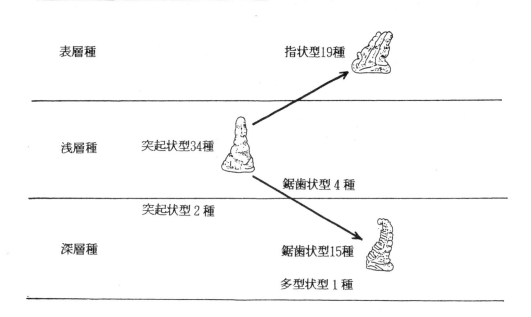

図4－1　腸盲嚢4型の変化過程の関係

　性徴は分類上の重要な形質であるが，その機能は不明確である。性徴は，異種間での交雑を防ぐための種の認識に役立っていると考えられてきた。また，卵包形成時のタンパク液を分泌するはたらきをもつとも考えられているが（大淵，1947b），性徴を保有しない種（表3－11）や雄性孔の後方のみの体節に性徴を保有する種（図3－6，n）がいることを考えるとその機能は明確ではない。東京産フトミミズ属75種のなかには性徴と生殖腺を保有しない種が14種みられた。このような種では性徴・生殖腺を保有する種と他の形質を比較しても特に相違が認められなかった。

　分類上重要な形質である受精嚢は主嚢と副嚢より構成される。世界のフトミミズ属では全て両嚢を保有するが，東京産フトミミズ属75種からは主嚢のみで副嚢を持たない種が11種も確認された。日本産フトミミズ属の特異性が示唆される。

　外部標徴では沖縄産フトミミズ属には雄性孔域に独特の隆起形態の外部標徴を保有す

る種がみられたが，東京産からはそのような隆起形態をもつフトミミズ属はみられなかった。

　生殖器系の形態は分類上重要であるが，フトミミズ属では生殖器系の形態は，変異に富む種が多い。日本産フトミミズ属の形質の変異性についての研究報告はHatai（1929, 1930）；Hatai & Ohfuchi（1935, 1937）；Yamaguchi（1930b, 1962），山口（1930a, c, 1952）；Kobayashi（1934a, 1936, 1937, 1938a），小林（1934b）；Ohfuchi（1935, 1937a, b, 1938a-c, 1939, 1941, 1956），大淵（1936, 1938d, e, 1947b）；Adachi（1955）；高橋（1952）；上平（1973b, 1996），Kamihira（1974）等によりなされているが，いずれも1種についてのみであった。多数のフトミミズ属を基にして分類上必要な形質をまとめ，それらの変異性や形質同士の関連性について始めて総合的にとらえた報告は石塚（1993）であり，その後，石塚（1995, 1997），Ishizuka（1999a）によって報告されている。

　フトミミズ属に特異的に発達したと思われる生殖器系器官には，変異が顕著である種がみられた。特に雄性生殖器官の雄性孔，摂護腺及び雌性生殖器官の受精嚢孔（受精嚢）でその変異がみられ，それらの形質が全欠である種，無保有が高率である種等がみられた。恐らくこのような種では自家受精しているものと考えられる。また，このような種の同定は，小数個体では種同定は困難であり，少なくとも10個体程度は必要とする。雄性孔が全欠である種，保有率が3％以下である種，保有率が7％以下である種，また受精嚢孔（受精嚢）が全欠である種，正常な器官の保有率が20％以下である種，保有率が30％以下である種の殆どは表層種で腸盲嚢は指状型，一年生のグループであった。例外的に地中種であるフカンゼンミミズとフユミミズは地中種のグループに入るが，これらの腸盲嚢は突起状型，一年生である。鋸歯型で越年性の種群では生殖器官の変異はみられなかった。この結果より，腸盲嚢が指状である表層種は生殖器官の変異が多くみられるグループであるといえる。

　外部形態として重要な性徴は吸盤状型，小粒状型の2型がみられるがこの両者はその存在位置や数はどの種でも変異がみられた。この変異はフトミミズ属の種同定上の困難をもたらしている原因の一つといえる。現に，既知種の中でこの性徴の変異により別種として記載されたものが日本産既知種88のうち18種（シノニムと判定した種）（表4－1）をあげることができる。

4.2 生活様式について

　ミミズ類の生活様式に関しては外国の研究者がツリミミズ科でいくつかの型に区分できることを報告している(Bouche,1977)。フトミミズ科ではLee, K.E.(1959,1985),Wood(1974)が生息層位に基づく生活様式の区分を報告している。日本のミミズでは中村(1971)がツリミミズ2種の生息層について，渡辺(1972)が落葉摂食性のものと土壌摂食性のものとに大別できること，さらに塚本(1996)が生息層位と食性により区分を試たことを報告しているが，形態形質との関連性は触れていない。

　Bouche(1977)はツリミミズ科において穿孔を造る種をAnecic(穿孔種)，造らない種をEpigeic(地表種)とEndogeic(地中種)とよび，3者は生息層によって区分できるとした。東京産フトミミズ属でも潜伏層の形状より，穿孔および巣孔をもつ種群に分ける事ができた。すなわち，表層種は穿孔を造らず巣孔をもち，深層種は穿孔を造ることが分かった。また，浅層種は巣孔を持つ種が多いが，穿孔を造る種もみられた。欧州のツリミミズ科の穿孔種(Anecic)は地表の植物遺体を食物とするとしている。しかし，東京産フトミミズ属では5～8月には開口部排糞がみられるが，9月以降では開口部への排糞は見られず，降雨で地上に徘徊するという点からみて，深層種の摂食する食物については今後の研究が必要である。

　生活様式と関連した形態形質の特徴として，体壁・隔膜の厚さの差は，固い土に穿孔を掘る，掘らないの差が，現れたものと判断できる。地中種で穿孔を造る種，穿孔は造らないが地中に巣孔を持つ種では，そこでの生活に適応することより体壁・隔膜が厚く丈夫になったものと考えられる。また，表層種は柔らかい糞粒中や腐植質表層等に生活するため体壁・隔膜等は薄くなったものと考えられる。

　フトミミズ属は降雨時，地上に出現するグループと出現しないグループとに分けることができた。表層種と深層種(穿孔種でもある)，浅層種で穿孔を造る種は降雨時に出現するが，浅層種で穿孔を造らない種(巣孔種群)は出現しなかった。実際に山地の深層種の採集には，生息する場所を1m以上掘り進んで採集することは至難である為，降雨後をねらうことが最良な手段となった。

　浅層種であるヘンイセイミミズやクソミミズでは四季を通して幼体，亜成体，成体がみられた。したがって，卵包の孵化は春～秋の間にみられるものと推定できる。成体の体長で2倍以上の変異がみられることより，成体の寿命は2種ともに1年を越えると推

定される。その理由は春に孵化した幼体はその年に成体となり，この成体は越年してさらに生長すると推定できることによる。表層種，浅層種，深層種の幼体，亜成体，成体の出現時季は次のように考えられる。表層種は越冬した卵包が春に孵化し，5月下旬から6月下旬頃に亜成体となり7月中旬にはほとんどの個体が成体となる。表層種の中には卵包産卵後，8月中旬ごろには多数の個体が死んでしまう種もある。生き延びても12月中旬頃までには死んでしまい，幼体，亜成体，成体のどの齢も越冬できない。浅層種の中にも表層種と同様な生態を示す種がある。しかし，多くの浅層種ではクソミミズやヘンイセイミミズと同様な出現時季のパターンを示す種が多かった。深層種ではイイズカミミズの一例を示しているが，他の深層種も同様なパターンを示す事が考えられる。深層種の潜伏層は1m以上の深さであることが多く，掘り進んでの採集は困難であるが，5－6月には亜成体，成体が採集できることよりみて，成体で越冬しているものと推測できる。6－7月は小さな幼体がみられることより，5月上旬頃に卵包の孵化がおこるものと考えられる。フトミミズ属の出現時季，越年型に関しては上平（1972）が3種，塚本（1996）が3種，Watanabe（1975）が1種について報告しており，いずれも石塚の研究報告とほぼ一致した。表層種における卵包が孵化してから成体になるまでに要する時間は約100日以上といってよい。成熟に要する時間は，飼育によって知ることができるはずであるが，野外で採集した卵包を室内で孵化させて飼育した個体と卵包を採集した場所の野外の個体の成長を比較すると，飼育個体の成長はかなり遅れる結果が得られた。フトミミズ属の飼育の困難さの理由は不明であるが，今後の研究課題の一つである。

4.3 東京産フトミミズ属の分布と新種，広域種

日本産フトミミズ属の分布に関しては足立・大野（1966,1967），石塚（1994），小林（1938b,1941a-e），大淵（1938e,1947a），大野（1973,1981），山口（1952），上平（1970）等が特定場所や地方のリストを報告しているが広域での比較はおこなっていない。

東京産フトミミズ属75種の低地，丘陵地，山地の標高別各分布種数では，山地に分布する種49種，そのうち山地のみに分布する種は39種であり，丘陵地，低地より圧倒的に種数が多かった。東京での山地の種数が多い理由は，人為的影響が少ないことである可

能性が高いとが考えられるが，今後の検討課題としたい。

　東京産フトミミズ属75種のうち，低地，丘陵地，山地のいずれにも分布する種は分布域の広い種で，北海道から九州まで分布する種であった。また，山地のみに分布する種は全て新種であった。このようにフトミミズ属の垂直分布で低地から山地まで分布する種は水平分布においても分布の広い種であった。分布の状況から丘陵や低地に分布せず山地のみに分布する種は固有種である確率が高いと推定される。小林（1941c）はフトミミズ属は高山地帯には固有種が多く，都市では外来種が多いとしている。本研究の結果でも確かに山地のみに分布する種は全て新種であり，小林の指摘通り固有種の確率が高いと推定できる。山塊が相違すると別の固有種が分布する可能性が高いのではとの推定より，1998年，丹沢山塊でフトミミズ属の採集をした結果，約50種のフトミミズ属が採集されたが，そのうちの約50％が奥多摩山地では分布していないフトミミズ属であった。このことより，日本各地のフトミミズ属はそれぞれの山塊に固有な種が分布するするのではないかと推測され，そうであるとすれば，日本のフトミミズ属の種数は相当な数になることが予想される。小林は日本に分布するフトミミズ属の種数は未記載種を含め155種（1941c）としている。しかし，東京，神奈川，沖縄本島，その他，各地の試験的な採集を含め，すでに250種以上の種数を確認しているので，日本に分布するフトミミズ属は500種以上になると推定される。沖縄本島においてはスダジイを優占種とする山原で採集した50種のうち，49種が新種であり，すでに2種はIshizuka et al.(2000a)により新種として記載発表され，残る種も今後，順次報告される予定である。このように日本におけるフトミミズ属の種数は相当数になることが明らかである。しかも，ほとんどは日本の固有種である可能性が高く，海外と比較して日本におけるフトミミズ属の種多様性は注目に値するものであろう。

4.4 日本産フトミミズ属の再検討

4.4.1 日本産フトミミズ属の既知種

　日本産のフトミミズ属の新種記載は，Horst(1883)が最初に3種記載し，その後，1900年までにRosa(1891)，Beddard(1892b)，Michaelsen(1892)，Goto & Hatai (1898, 1899)等によって35種が新種記載された。1900-1998年の間ではCogneti(1906)，Hatai (1930)，Hatai & Ohfuchi (1935, 1937)，Kobayashi (1938a)，Ohfuchi (1935, 1937a, b, 1938a-c, 1941, 1956)によって新種30種，日本初記録種16種が報告された。また，小林(1941a-d)は記載報告はないが日本に分布する種として上記以外に7種あげている。1956－1998の間，既知種ではYamaguchi (1962)の北海道産フトミミズ属の研究報告があるが，新種の記載や初記録の報告はなかった。

　1998年以前の日本産フトミミズ属の既知種数は不明確であったため，記載文献等を検討した結果，88種が判明した。今回明らかにされた形質の変異を考慮に入れて既知種を再検討した結果，そのうち18種はシノニムであると判定し，1種がホモニムであったので国際命名規約にしたがって学名の変更をした。日本産のフトミミズ属既知種はIshizuka（1999b)によれば70種である。ただし，シノニムであることは，タイプ標本は行方不明であるため，記載文献のみで判定した。東京産新種記載58種（Ishizuka，1999b-d，2000c, d, Ishizuka et al., 2000b)，沖縄産2種(Ishizuka et al., 2000a)，日本初記録1種（Ishizuka, 1999a)を含めた2001年現在の日本産フトミミズ属の文献が作成された。それによれば，日本における分布では一地域に分布する種は91種，分布の広い種は26種，記載報告はないが，沖縄・九州に分布する（小林，1941b-d) 7種の総計124種とした。124種のうち，日本固有種と考えられる種は90種であるが，韓国，中国，台湾で分布調査が実施されれば日本固有種と考えられる種数が減少することが推測される。東京産の新種は今後の国内での分布調査で，広域種となる種が増えることが推測できる。34種は外国にも分布することが確認された(Beddard, 1892a; Chen, 1931, 1933, 1935, 1936, 1938; Gates, 1932, 1933, 1935, 1936, 1939, 1958; Michaelsen, 1900, 1931, 1934; Song & Paik, 1969, 1970a, b, 1971)。表4－1はその日本産フトミミズ属の既知種のリスト及びシノニムであると判定した種がどの種のシノニムであるかを示したものである。また，分布については狭域種から広域種となるように並べ，最後には記載無の種をとりあげた。分布に米国と記された種は全て移入種である(Gates, 1958)。

表4-1　日本産フトミミズ属の124 既知種リスト（2001年5月現在）

番号	種名		分布	

「日本では一地域に分布」：91 種
1. *P. bicincta* (Perrier, 1875)　　フィリッピンミミズ　　沖縄　　台湾・米国(USA)
2. *P. bicerialis* (Perrier, 1875)　　フクノウミミズ　　沖縄　　東南ア
3. *P. californica* (Kinberg, 1867)　　メキシコミミズ　　沖縄　　台湾・中国・米国
4. *P. corrugata* Chen, 1931　　チュウカミミズ　　沖縄　　中国
5. *P. exiloides* Chen, 1936　　チェンミミズ　　沖縄　　中国
6. *P. hatomajimaensis* Ohfuchi, 1957　ハトマミミズ　　沖縄
7. *P. hawayana* (Rosa, 1891)　　ハワイミミズ　　沖縄　　中国・台湾・米国
8. *P. heterochaeta* Michaelsen, 1909　ヘンレキミミズ　沖縄　　中国
9. *P. houlleti* var. *bidenryyoana* Ohfuchi, 1956　ヒョウリュウミミズ　沖縄
10. *P. illota* Gates, 1932　　ゲーツクロナシミミズ　沖縄　　東南ア
11. *P. kunigamiensis* Ishizuka & Azama, 2000　アカシマフトミミズ　沖縄
12. *P. lauta* Ude, 1905　　チュウゴクミミズ　　沖縄　　中国・台湾
13. *P. leucocirca* Chen, 1934　　チャイナミミズ　　沖縄　　中国
14. *P. morrisi* (Beddard, 1892)　　モリスミミズ　　沖縄　　中国・台湾・米国
　　P. elongata (Michaelsen, 1900) syn. n.　　沖縄　　台湾・米国
15. *P. noharuzakiensis* Ohfuchi, 1956　ノハルザキミミズ　沖縄
16. *P. obtusa* Ohfuchi, 1956　　イリオモテミミズ　沖縄
17. *P. ohbuchii* nom. n.　　チビミミズ　　沖縄
18. *P. papilio* Gates, 1930　　チョウミミズ　　沖縄　　東南ア
19. *P. papulosa* var. *sauteria* Ohfuchi, 1956　スマトラミミズ　沖縄
20. *P. peguana* (Rosa, 1890)　　ジャバミミズ　　沖縄　　東南ア
21. *P. pusilla* Ohfuchi, 1956　　フクロナシミミズ　沖縄
22. *P. riukiuensis* Ohfuchi, 1957　リュウキュウミミズ　沖縄
23. *P. sonaiensis* Ohfuchi, 1956　ソナイミミズ　　沖縄
24. *P. yambaruensis* Ishizuka & Azama, 2000　ヤンバルオオフトミミズ　沖縄
27. *P. toriii* Ohfuchi, 1941　　トリイミミズ　　九州
25. *P. ishikawai* Ohfuchi, 1941　イシカワミミズ　四国
28. *P. tosaensis* Ohfuchi, 1938　トサミミズ　　四国
26. *P. shimaensis* (Goto & Hatai, 1899)　シマフトミミズ　近畿
29. *P. bimaculata* Ishizuka, 1999　ハンモンミミズ　山梨県
30. *P. florea* Ishizuka, 1999　　コガタミミズ　　山梨県
31. *P. silvatica* Ishizuka, 1999　ダイボサツミミズ　山梨県
32. *P. ambigua* Cognetti, 1906　　　　神奈川
33. *P. camlestris* (Goto & Hatai, 1898)　　神奈川
34. *P. habereri* Cognetti, 1906　　　　神奈川
35. *P. ijimae* (Rosa, 1891)　　　　　神奈川
36. *P. parvula* (Goto & Hatai, 1898)　　神奈川
37. *P. alpestris* Ishizuka, 1999　カラマツミミズ　東京
38. *P. argentia* Ishizuka, 1999　ギンイロミミズ　東京
39. *P. atrorubens* Ishizuka, 1999　タカオミミズ　東京
40. *P. autumnalis* Ishizuka, 1999　アキミミズ　東京
41. *P. bigibberosa* Ishizuka, 1999　タニマミミズ　東京
42. *P. conformis* Ishizuka, 1999　オオダマミミズ　東京
43. *P. confusa* Ishizuka, 1999　バラツキミミズ　東京
44. *P. conjugata* Ishizuka, 1999　イッツイミミズ　東京
45. *P. disticha* Ishizuka, 2000　ニレツミミズ　　東京
46. *P. dura* Ishizuka, 1999　　ハガネミミズ　東京
47. *P. edoensis* Ishizuka, 1999　ミカドミミズ　東京
48. *P. elliptica* Ishizuka, 1999　イチョウミミズ　東京
49. *P. flavida* Ishizuka, 2000　キオビミミズ　　東京
50. *P. fulva* Ishizuka, 2000　カッショクフトミミズ　東京
51. *P. hiverna* Ishizuka, 1999　フユミミズ　　東京
52. *P. hinoharaensis* Ishizuka, 2000　ヒノハラミミズ　東京
53. *P. hypogae* Ishizuka, 1999　ジングウミミズ　東京
54. *P. imajimai* Ishizuka, 1999　イマジマミミズ　東京

55. *P. imperfecta* Ishizuka, 1999　　　フカンゼンミミズ　　東京
56. *P. invisa* Ishizuka, 2000　　　　　コツブミミズ　　　　東京
57. *P. lactea* Ishizuka, 2000　　　　　タンショクミミズ　　東京
58. *P. mitakensis* Ishizuka, 2000　　　ミタケミミズ　　　　東京
59. *P. montana* Ishizuka, 1999　　　　ヤマミミズ　　　　　東京
60. *P. monticola* Ishizuka, 2000　　　 サンロクミミズ　　　東京
61. *P. mutabilis* Ishizuka, 2000　　　 ヘンイミミズ　　　　東京
62. *P. nigella* Ishizuka, 1999　　　　 クロボクミミズ　　　東京
63. *P. nipparaensis* Ishizuka, 2000　　ニッパラミミズ　　　東京
64. *P. nubicola* Ishizuka, 2000　　　　ミヤマミミズ　　　　東京
65. *P. octo* Ishizuka, 2000　　　　　　ハチノジミミズ　　　東京
66. *P. okutamaensis* Ishizuka, 1999　　シマチビミミズ　　　東京
67. *P. parvola* Ishizuka, 2000　　　　 チッチミミズ　　　　東京
68. *P. purpurata* Ishizuka, 1999　　　 ニジイロミミズ　　　東京
69. *P. quintana* Ishizuka, 1999　　　　ゴツイミミズ　　　　東京
70. *P. rufidura* Ishizuka, 2000　　　　コカゲミミズ　　　　東京
71. *P. semilunaris* Ishizuka, 2000　　 ハンゲツミミズ　　　東京
72. *P. setosa* Ishizuka, 2000　　　　　サクラミフトミミズ　東京
73. *P. silvestris* Ishizuka, 2000　　　シンリンミミズ　　　東京
74. *P. stipata* Ishizuka, 1999　　　　 ソラマメミミズ　　　東京
75. *P. striata* Ishizuka, 1999　　　　 ホソスジミミズ　　　東京
76. *P. subalpina* Ishizuka, 2000　　　 シマオビフトミミズ　東京
77. *P. subrotunda* Ishizuka, 2000　　　エンケイミミズ　　　東京
78. *P. subterranea* Ishizuka, 2000　　 コミチミミズ　　　　東京
79. *P. surcata* Ishizuka, 1999　　　　 ケイコクミミズ　　　東京
80. *P. tamaensis* Ishizuka, 1999　　　 タマミミズ　　　　　東京
81. *P. tokioensis* (Beddard, 1892)　　　　　　　　　　　　東京
    P. parvicystis (Michaelsen, 1900) syn. n.　中国～関東
82. *P. turgida* Ishizuka, 1999　　　　 オオフサミミズ　　　東京
83. *P. umbrosa* Ishizuka, 2000　　　　 ヒカゲミミズ　　　　東京
84. *P. verticosa* Ishizuka, 1999　　　 ミネダニミミズ　　　東京
85. *P. japonica* (Horst, 1883)　　　　　　　　　　　　　　関東
86. *P. tajiroensis* Ohfuchi, 1938　　　タジロミミズ　　　　宮城
87. *P. oyuensis* Ohfuchi, 1937　　　　 オオユミミズ　　　　東北
88. *P. servina* Hatai & Ohfuchi, 1937　モリミミズ　　　　　東北
89. *P. tappiensis* Ohfuchi, 1935　　　 タッピミミズ　　　　東北
90. *P. gomejimaensis* Ohfuchi 1937　　 ゴメジマミミズ　　　青森
91. *P. marenzelleri* Cognetti, 1906　　ニセゼグロミミズ　　北海道

「日本では広地域に分布」: 26 種
1. *P. pingi* Chen, 1936　　　　　　　　カッショクシマフトミミズ　東京　　　　　中国
2. *P. aokii* Ishizuka, 1999　　　　　　アオキミミズ　　　　四国, 東京　　韓国
3. *P. sakaguchii* Ohfuchi, 1938　　　　サカグチミミズ　　　四国～近畿
4. *P. iizukai* (Goto & Hatai, 1899)　　イイヅカミミズ　　　中部～関東
5. *P. grossa* (Goto & Hatai, 1898)　　 オオフトミミズ　　　関東～東北
6. *P. maculosa* Hatai, 1930　　　　　　マダラミミズ　　　　東北～北海道
7. *P. oyamai* Ohfuchi, 1937　　　　　　オヤマミミズ　　　　東北～北海道
8. *P. phasela* Hatai, 1930　　　　　　 イロジロミミズ　　　東北～北海道, 韓国
9. *P. yamadai* Hatai, 1930　　　　　　 ヤマダミミズ　　　　中国～北陸
10. *P. yamizoyamensis* Ohfuchi, 1935　 ヤミゾヤマミミズ　　関東～東北
11. *P. yunoshimaensis* Hatai, 1930　　 ユノシマミミズ　　　東北～北海道
12. *P. sieboldi* (Horst, 1883)　　　　 シーボルトミミズ　　九州～中部
13. *P. masatakae* (Beddard, 1892)　　　フタツボシミミズ　　九州～関東　　韓国
14. *P. schmardae* (Horst, 1883)　　　　キクチミミズ　　　　九州～関東　中国・台湾・米国
    P. kikuchii (Hatai & Ohfuchi, 1936) syn. n.　茨木
    P. vesiculata (Michaelsen, 1900)　syn. n.　中国～関東
15. *P. carnosa* (Goto & Hatai, 1899)　 ヨコハラトガリミミズ　四国～北海道　韓国
16. *P. communissima* (Goto & Hatai, 1898) フツウミミズ　中国～北海道
17. *P. heteropoda* (Goto & Hatai, 1898) ヘンセイミミズ　九州～東北　　韓国
    P. nipponica (Beddard, 1892)　　　syn. n.　関東

18. *P. megascolidioides* Goto & Hatai, 1899) ノラクラミミズ 九州～東北 韓国
19. *P. micronaria* (Goto & Hatai, 1898) ヒナフトミミズ 九州～東北
20. *P. acincta* (Goto & Hatai, 1899) メガネミミズ 九州～東北 韓国
    P. yezoensis Kobayashi, 1938 syn. n. 北海道
21. *P. agrestis* (Goto & Hatai, 1899) ハタケミミズ 九州～北海道 韓国・米国
    P. hataii Ohfuchi, 1937 ハタイミミズ syn. n. 東北
22. *P. divergens* (Michaelsen, 1892) セグロミミズ 九州～北海道
    P. decempapillata (Goto & Hatai) 1898 syn. n. 東京
    P. flavescens (Goto & Hatai, 1898) syn. n. 東京
    P fuscata (Goto & Hatai, 1998) syn. n. 神奈川
    P. obscura (Goto & Hatai, 1898) syn. n. 神奈川
    P. producta (Goto & Hatai, 1898) syn. n. 東京
    P. scholastica (Goto & Hatai, 1898) syn. n. 東京
    P. kamakurensis (Goto & Hatai, 1898) syn. n. 東京, 神奈川
23. *P. hilgendorfi* (Michaelsen, 1892) ヒトツモンミミズ 九州～北海道 韓国・米国
    P. galndularis (Goto & Hatai, 1899) syn. n. 東京
    P rokugo (Beddard, 1892) syn. n. 東京
24. *P. irregularis* (Goto & Hatai, 1899) フキヌクミミズ 九州～北海道 韓国
    P. levis (Kobayashi, 1938) syn. n. 九州～中国 韓国・米国
    P. schizopora (Michaelsen, 1900) syn. n. 東京
25. *P. vittata* (Goto & Hatai, 1898) フトスジミミズ 九州～北海道 韓国
26. *P. hupeiensis* (Michaelsen, 1895) クソミミズ 九州～北海道 韓国・中国・米国

「記載報告無，沖縄・九州に分布するとした種（小林，1941）」：7種
1. *P. diffringens* (Baird, 1869) 中国・台湾・米国
2. *P koellikeri* Michaelsen, 1928 韓国
3. *P. robusta* (Perrier, 1872) 中国・台湾・米国
4. *P. rokefelleri* Chen, 1933 ロックフェラーミミズ 中国・台湾
5. *P. soulensis* Kobayashi, 1938 韓国
6. *P. vieta* Gates, 1936 東南アジア
7. *P. zoysiae* Chen, 1933 シバミミズ 中国・台湾

4.4.2 研究のための既存の研究資料

　日本におけるミミズには，ごく一般的に分布する既知の普通種についてさえ同定困難である現状がある。ミミズの分類・同定のための，一般的及び専門的な資料はあるが，これらの資料によっても，種同定及び記載種か未記載種かの判定は困難な状態であった。日本の各地で採集されたミミズの種名を知るにはどのような資料があるか，またそれらの資料を利用しても何故種同定が困難であるのかについて，以下に検討した。

　フトミミズ属の種名を知る資料として新日本動物図鑑（大淵，1965）があり，フトミミズ属は60種記載されている。このうち9種は日本に分布していない種，23種は沖縄のみに分布する種であり，原記載採集地のみに分布する種5種，九州～中部・関東・東北・北海道に分布する広域種はわずか23種である。この図鑑は日本における分布が明記されていない点やこの図鑑で目的の種が記載されていても該当種であるとの確信が得にくい点がある。その理由は種同定の基準になる形質に変異が多く，必ずしもこの図鑑の記

載通りでなく，その変異の状況が明記されていない点である。それぞれの種の変異の状態を知らなければミミズの種同定は困難である種が多い。この図鑑で種同定を試みようとしても，該当種との確信が得られないという声が多い。

表4-2.1 日本で採集，分布記録が無いため，日本に分布しないと判断できる種…9種

番号	種名	分布	番号	種名	分布
1.	Pheretima aggera アゲラミミズ	韓国	6.	P. quelparta サイシュウトウミミズ	韓国
2.	P. bitheca ツイノウミミズ	韓国	7.	P. montana イツイミミズ	フィリッピン
3.	P. kamitai カミタミミズ	韓国	8.	P. carolinensis ハイノミミズ	東南ア
4.	P. koryoensis コウリョウミミズ	韓国	9.	P. posthuma インドフツウミミズ [1]	東南ア
5.	P. koreana チョウセンミミズ	韓国			[1] 東南アジア

表4-2.2　一地域のみ分布：28種　　＊　記載内容より別種と判定した種

番号	種名	分布	その他

「沖縄県石垣島，西表島，鳩間島，その他の八重山群島」：23種
1. Pheretima bicincta フィリッピンミミズ　　＊2. P. biserialis フクノウミミズ
3. P. californica メキシコミミズ　　4. P. corugata チュウカミミズ
5. P. exiloides チェンミミズ　　＊6. P. elongata カイユウミミズ
7. P. hatomajimensis ハトマミミズ　　8. P. hawayana ハワイミミズ
9. P. houlleti var. bidenryoana ヒョウリュウミミズ　10. P. heterochaeta ヘンキミミズ
11. P. illota ゲーツフクロナシミミズ　　12. P. lauta チュウゴクミミズ
13. P. keucocirca チャイナミミズ　　14. P. morrisi モリスミミズ
15. P. noharuzakiensis ノハルザキミミズ　　16. P. obtusa イリオモテミミズ
17. P. papilio チョウセンミミズ　　18. P. papulosa var. sauteri マトラミミズ
19. P. parvula チビミミズ　　20. P. peguana ジャバミミズ
21. P. pusilla フクロナシミミズ　　22. P. riukiuensis リュウキュウミミズ
23. P. sonaiensis ソナイミミズ

「四国高知県」：2種
1. P. ishikawai イシカワミミズ　　高知県竜河洞　　2. P. tosaensis トサミミズ　高知県

「東北青森・秋田県」：3種
1. P. oyuensis オオユミミズ　　秋田県大湯　　2. P. tappensis タッピミミズ　青森県竜飛
3. P. servinus モリミミズ　　青森県

表4-2.3 分布が広い種　：　23種

番号	種名	○東京分布確認種

「四国～中部」
1. P. yamadai ヤマダミミズ　　　　2. P. iizukai イイズカミミズ　○
「九州～関東」
3. P. masatakae フタツボシミミズ　○　　4. P. schmardae キクチミミズ　○
「九州～中部」　　　　　　　　　　　「中国～北海道」
5. P. sieboldi シーボルトミミズ　　　6. P. communissima フツウミミズ　○

「関東～東北」
7. P. grossa オオフトミミズ　　　　8. P. yamizoyamaensis ヤミゾヤマミミズ

「東北～北海道」
9. P. yunishimaensis ユノシマミミズ　　　　10. P. oyamai オヤマミミズ
11. P. phasela イロジロミミズ ○　　　　　　12. P. maculosa マダラミミズ ○
「九州～東北」
13. P. irregularis フキソクミミズ ○　　　　14. P. heteropoda ヘンイセイミミズ ○
15. P. micronaria ヒナミミズ ○　　　　　　16. P. megascolidioides ノラクラミミズ ○
「九州～北海道」
17. P. hilgendorfi ヒトツモンミミズ ○　　　18. P. vittata フトスジミミズ ○
19. P. acincta メガネミミズ　　　　　　　　20. P. agrestis ハタケミミズ ○
21. P. divergens セグロミミズ ○　　　　　　22. P. carnosa ヨコハラトガリミミズ ○
「沖縄～北海道」
23. P. hupeiensis クソミミズ ○

　上平（1973a）は日本産フトミミズ属の種検索表を作成し，検索のための形質について解説した。しかし，この検索表に取り上げられている種は，新日本動物図鑑に記載された60種であるため，その問題点は前述した通りである。

　中村（1991，1999a）は図鑑と検索表を一緒にした図解検索を作成し，属までの検索を可能にした。しかし，フトミミズ属については「日本には50種以上が知られ，少数を除いては種の分類・同定は困難である」と記述されているだけである。

4.5 フトミミズ属の分類に必要な形質及び同定確認順位

　東京産フトミミズ属75種のうち，既知種16種，1998年まで未記載種が59種という事実はさまざまな原因に由来するものと考えられる。その理由は過去の日本の分類学的研究では記載種の採集者が記載者ではないことや，送付された液浸標本に基づいて記載したものが多いことである。筆者は東京全域にわたる地域を長年かけて，四季にわたり採集調査し，ミミズを観察したが，それによって，生活様式で棲み分けが見られること，生活様式と形態形質，越年型に関連性があることが分かった。過去に一定の地域を長年かけて採集調査した報告はなく，そのために生活様式，生存年数に関する論文がなかったものと思われる。

　また，分類に必要な形質について，内部形態と外部形態の関連性，形質同士の関連性，形態形質と生活様式の関連性の観点での検討がなされていなかった点，形質変異について沢山の種類，個体数を基に総合的に検討されなかった点がフトミミズ属の分類・同定に必要な形質が不明確であった理由である。

　フトミミズ属の種の同定に必要な形質をどの様な順番でどのようにとらえていくかは分類を行うえでは重要なことである。フトミミズ属の種の分類に必要な形質について，重要度を基に三段階に分け，下記の順位で行うことを提案する。フトミミズ属の種の分類では外部形態と内部形態の観察が必要であるが，沢山の種類のミミズの外部形態を把握していれば，記載種で成熟個体の場合は外部形態だけで種の同定は可能である。

　＊は筆者の命名による形質である。

『最も重要である形質』

1. 腸盲嚢（Intestinal caeca）の形態
　　(1)＊突起状型（＊Simple type）　　(2)＊鋸歯状型（＊Serrate type）
　　(3)＊指状型（＊Manicate type）　　(4)＊多形型（＊Multiple type）

2. 受精嚢孔数（対数）(Spermathecal pores)の有無，対数，位置，変異性
　　○　対数　(1)0対　(2)1対　(3)2対　(4)3対　(5)4対　(6)5対

3. ＊性徴（性的乳頭）(Genital marking)の有無，型，存在体節，変異性

   ○ 有無

   ○ 形態　(1)＊吸盤状型（＊Sucker type）　(2)＊小粒状型（＊Papilla type）

   ○ 産状　(1) 単独　(2) 複数（並列状，直線状，集合状，斑状等）

   ○ 存在体節

   ・ 性徴は存在しない。

   ・ 性徴は受精嚢孔域と雄性孔域の両域に存在する。

   ・ 性徴は受精嚢孔域のみに存在する。

   ・ 性徴は雄性孔域のみに存在する。

4. ＊外部標徴（＊External marking）の有無，タイプ，存在体節，変異性

   ○ 有無

   ○ 形態　(1)＊彩色型（＊Colord patch type）　(2)＊吸盤状型（＊Sucker type）

   　　　　(3)＊深溝型（＊Deep groove type）　(4) その他　特有外部形態

5. 生殖腺(Genital gland)の有無，タイプ，存在体節，変異性

   ○ 有無

   ○ 形態　(1)＊瓶状単生殖腺（＊Simple duct type）

   　　　　(2)＊瓶状複生殖腺（＊Complex duct type）

   　　　　(3)＊胞状生殖腺（＊Duct lacking type，＊Duct presence type）

6. 受精嚢(Spermathecae)の有無，構成（副嚢の有無）タイプ，存在体節，変異性

   主嚢の形態

   ○ 形態　：シャベル状，塊状等

   ○ 主嚢導管部の長さと主嚢と嚢状部の長さの比較

   副嚢の有無，形態

   ○ 形態　：ソーセージ状，小腸状，卵形状，球状等　導管部と嚢状部の長さの比較

『重要である形質』

7. 体（Body）体長，体色
    - 体長：体長6区分． SS（60mm以下），S（60-100mm）， M（70-150mm）
      L（100-200mm），LL（200-300mm），LLL（250-500mm）
    - 体色（背面，腹面）

8. 雄性孔（Male pore ）
    ○有無　○位置：18体節，19体節　○形態：円形平面状，陥没状　○大きさ：S，M
9. 隔膜（Septa）　　　　　　　　：　欠く位置，厚さ，筋繊維状か否か

『種記載では必要とするが，種同定上それほど役立たない形質』

10. 環帯（Clitelum）　　　：　位置
11. 雌性生殖器系　　雌性孔（Female pore）：位置，卵巣：存在体節
12. 雄性生殖器系　　精巣，貯精嚢：位置．　摂護腺（Prostate）：有無，存在体節
13. 体節　　　　　　　　　：　数
14. 剛毛（Setal）　　　　　：　数
15. 背孔（Dorsal pore）　　：　開始体節間溝
16. 心臓（Latelal hearts）　：　対数，存在体節
17. 腸（Intestine）　　　　：　腸膨大部開始体節

4.6 フトミミズ属の新グループ区分の提案

　Sims & Easton (1972), Easton (1979, 1984) によってフトミミズ属は10属に分割され，Eastonは1981年に「Japanese earthworms」を発表した。この「Japanese earthworms」は記載文献を基にして日本のフトミミズ属（*Pheretima*）をGenus *Polypheretima*, *Pithamera*, *Metaphire*, *Amynthas*, *Pheretima* の5属に分割しているが，これらのうち，*Polypheretima*, *Pithamera*, *Pheretima* の3属に問題がある。例えば，Genus *Polypheretima* とされている種の腸盲嚢の存在を見誤っていること，Genus *Pithamera* とされている種は記載論文の腸盲嚢の位置を正しく読み取ってないこと，Genus *Pheretima* とされている種は日本での採集記録はない。また，日本産フトミミズ属の記載種についてSpecies-complex およびSpecies-group という種群を設定して，種としての位置付けを曖昧なものにしているため，分類で混乱が生じる。この種群は記載文献から判定したものであるが，近似種と思えない種までシノニムとの判定をしている。このようにEastonのフトミミズ科の属，Species-complex の記述に矛盾点があるため，そのままでは使用できないと判断される。

　中村(1999b) は，世界のフトミミズ属の種のリストを発表し，腸盲嚢の型は鋸歯状型と多型状型を指状型としている。フトミミズ属を分類する上で腸盲嚢と他形質，生活様式の関連性については触れられていない。

　以下に東京産フトミミズ属75種を基に，フトミミズ属のグループ分けを試みたい。まず腸盲嚢の型を基に4グループに分け，さらに性徴の有無および型，生殖腺の有無および型等の組み合わせにより，10グループに分けられる。フトミミズ科のグループ分けは腸盲嚢のタイプによって行うべきであることが明らかである（表4-3）。

　東京産フトミミズ属は腸盲嚢の形態を基に4グループに区分できたが，日本のフトミミズ属全体では西日本に分布するシーボルトミミズ（*P.sieboldi*）の腸盲嚢の形態は多型状型に似ているが東京産ではみられない形態である。また，シーボルトミミズの生活様式は表層種と地中種の両方を持つ点でも東京産フトミミズ属ではみられない。従って，腸盲嚢の型が相違すると生活様式も相違する点は腸盲嚢の形態が重要であることを意味しているといえる。以上，日本産フトミミズ属は腸盲嚢の形態を基に5グループに区分することができたが，今後の各地の採集調査により，この5グループ以上となることが予想される。さらに，世界のフトミミズ属の腸盲嚢の形態では日本産フトミミズ属で

みられる5グループの腸盲嚢の形態とは別に腸盲嚢を保有しないグループ，多型状型と似た形態でシーボルトミミズとは別の2グループが確認された。多型状型と似た形態のグループのフトミミズ属はインドネシアで1種採集したが東南アジアに分布する腸盲嚢を保有しないグループの標本はまだみていない。したがって，このグループは記載文献のみで判断した。また，過去の記載文献では腸盲嚢の形態は重視していないためどのような形態であるかの記載が不明確である種も多く，東南アジア，オセアニア，東アジア（除日本）のフトミミズ属の標本を今後点検しなければならない。現在，記載文献を基にして世界のフトミミズ属は腸盲嚢の形態で7グループに区分できるが，グループ数は増加することが考えられる。したがって，フトミミズ属は腸盲嚢の形態を基にグループ区分ができ，このグループは（亜）属に分割できるものと考えている。しかし，今後，世界のフトミミズ属を収拾観察し，腸盲嚢の形態を十分検討してから腸盲嚢の形態に基づく（亜）属の提案を研究課題としたい。

表4－3東　京産フトミミズ属の新グループ区分

```
               ┌ I．突起状 ┬ 性徴の形態は吸盤状で生殖腺は胞状である ……………… I－1
               │           ├ 性徴の形態は吸盤状で生殖腺は瓶状である ……………… I－2
               │           └ 性徴・生殖腺はない ……………………………………… I－3
               │
               │           ┌ 性徴の形態は小粒状で生殖腺は瓶状である
               ├ II．指状  ┤     交接嚢はない ………………………………………… II－1
               │           │     交接嚢をもつ ………………………………………… II－2
  腸盲嚢 ─────┤           └ 性徴・生殖腺はない　（交接嚢はない） ……………… II－3
               │
               │           ┌ 性徴の形態は吸盤状で生殖腺は胞状である ……………… III－1
               ├ III．鋸歯状┼ 性徴の形態は吸盤状で生殖腺は瓶状である ……………… III－2
               │           └ 性徴・生殖腺はない ……………………………………… III－3
               │
               └ IV．多型状 ─ 性徴の形態は吸盤状で生殖腺は胞状である ……………… IV
```

摘要

　本研究はフトミミズ属における形質と生態を研究し，分類を可能にする目的で1979年から1998年の期間，東京全域で採集したミミズ約13,500個体について検討したものである。フトミミズ属の形質について，外部形態と内部形態の相互関係を重視して形質同士の関連性，変異性及び形質と生活様式の関連性を総合的にとらえた。また，分類上必要な形質の重要度を検討した結果，従来重要視されていなかった腸盲嚢が重要であることを明確にした。本研究により，フトミミズ属の分類が容易に行えるようなった。

1．外部形態と内部形態の相互の関連性を重視して観察した結果，新形質を設定命名し，腸盲嚢，性徴，生殖腺等はそれぞれ型に区分することができた。これらの関連性を見ながら分類することによって分類の決め手を確定することができ分類が可能なものになった。また，これらの関連性は腸盲嚢を基にしてとらえるとその関連性が整理しやすい。

　　下記は分類上必要な形質として，命名した新形態用語及び生活様式を研究する上で命名した新用語である（アンダーライン）。

(1)腸盲嚢4型：突起状型(Simple type)，　指状型(Manicate type)，
　　　　　　　鋸歯状型(Serrate type)，多型状型(Multiple type)

(2)性徴2型　：吸盤状型(Sucker type)，小粒状型(Papilla type)

(3)生殖腺3型：胞状生殖腺(Duct lacking type)
　　　　　　　瓶状単生殖腺（Simple duct type)，瓶状複生殖腺（Complex duct type)

(4)外部標徴（External marking)

(5)生活様式　：表層種(Ground surface)，浅層種(Upper layer)，深層種(Deeperlayer
　　　　　　　巣孔種，穿孔種

2．腸盲嚢の4型は性徴の2型と生殖腺の3型との間に関連性が認められた。また，腸盲嚢の4型は生活様式の表層種，浅層種，深層種の3型とも関連性が認められた。

3．分類上重要な形質である性徴には吸盤状型と小粒状型の2型があり，性徴の体腔内は生殖腺となっている。生殖腺には胞状生殖腺，瓶状単生殖腺，瓶状複生殖腺の3型があり性徴の型と生殖腺の型には関連性が認められた。

4．受精嚢は主嚢と副嚢より成り，世界のフトミミズ属では全て両嚢を保有する種であるが，東京産フトミミズ属75種からは主嚢のみの種が11種確認された。このことより，日本産フトミミズ属の特異性が考えられる。

5．腸盲嚢4型と性徴2型，生殖腺3型，体長，体型，隔膜・体壁の厚さ（丈夫さ），受精嚢孔の形状，貯精嚢・摂護腺の大きさ（占体節数）等との間に関連性が認められた。

6．腸盲嚢4型は突起状型より，指状型のグループと鋸歯状型・多形状型グループに分岐したと考えられる。その根拠は突起状型のグループの種数が多いこと，一年生と越年性の両型がみられること，生活様式が指状型と鋸歯状型の中間に位置することである。

7．フトミミズ属は形態変異が多いため，分類に必要な形質の安定性と変異性を調べた。その結果，雌性生殖器官は変異はみられなかったが，雄性生殖器官では外部，内部共にその有無，形態等に変異が多かった。なかには雄性孔や摂護腺を全く保有しない種や保有が5％以下の種もみられ，このような変異は腸盲嚢が指状型の表層種に多くみられた。また，性徴は表層種，地中種共にどの種でもその存在位置や数の変異が多かった。

8．フトミミズ属の生息層位に基づいて表層種，浅層種，深層種の3型の生活様式に分けた。また，生活様式は潜伏層の形状より穿孔と巣孔をもつ種群に分けることができた。表層種は穿孔を造らず巣孔をもち，深層種は穿孔を造った。また，浅層種は巣孔を持つ種が多いが，穿孔を造る種もみられた。採集時に生活様式を確認すれば，その場で腸盲嚢の4型，性徴の2型，生殖腺の3型，隔膜・体壁の厚さ等の判断が可能となった。

9．腸盲嚢4型を基準に分類すれば生活様式との関連性が強く，ミミズの生態を研究する上でも大いに役立つ分類法である。また，腸盲嚢4型を基準に新しくグループ分けした基準は，東京産以外の既知種や他地区で採集したフトミミズ属にあてはまり，今回の手法が東京産フトミミズ属に限らず広く適用できた。

10．フトミミズ属の出現時季及び越年型について，同一地点を定期的に調査した結果，一年生と越年性とに分けることができた。一年生のフトミミズ属は表層種で，春に卵包が孵化，7月に成体となり8～12月の間に全ステージが消滅した。越年性のフトミミズ属は春～秋に卵包が孵化，夏～秋に成体となり，全ステージまたは成体が越冬した。

11．降雨時，地上に出現するフトミミズ属は主としてヒトツモンミミズであった。その他，表層種と深層種それに浅層種で穿孔を造る種が少数，降雨時に出現したが，浅層種で穿孔を造らない種（巣孔種群）は出現しなかった。

12．東京産フトミミズ属75種について，東京都全域を山地（奥多摩地区），丘陵地（多摩

地区），低地（都内緑地等）の3区分に分けてその分布を調べた。その結果，奥多摩山地は新種の割合（82％）が高かった。また，低地から山地までの3区分に分布する種は北海道から九州まで分布する広域種（13％）であることが判明した。

13. 分類・同定に必要な形質は不明確であったため，分類・同定の基準となり得る形質の選定とその優先順位を確定した。また，既存の分類基準の再検討を行い，新形質を含めた新分類・同定基準を設定した。

14. 東京産フトミミズ属75種の形質を基に東京産フトミミズ属67種の検索表を作成した。このうち，58種が新種で，日本初記録種は1種であった。新種58種のうち，51種はすでに記載報告をした(Ishizuka, 1999b-d, 2000c, d, Ishizuka et al., 2000b)。

15. 1998年以前の日本産フトミミズ属の既知種について文献調査を行い，88種を確認した。これらの種を再検討した結果，18種をシノニム，1種をホモニム（異物同名）と判定し，国際命名規約にしたがって，学名を変更した。その結果，1998年以前の日本産フトミミズ属の既知種は70種とした。そして，東京産新種51種（Ishizuka, 1999b-d, 2000c, d, Ishizuka et al., 2000b），沖縄産新種記載2種（Ishizuka et al., 2000a），日本初記録種1種（1999a）を含めると2001年現在，日本産既知種は124種となった。

16. フトミミズ属（Genus *Pheretima*）は貧毛類の中でも，極端に種数の多い大きな属であることより，属の分割を検討した結果，腸盲嚢と他形質及び生活様式との関連性から，腸盲嚢の形態でフトミミズ属を分割することが妥当であると判断した。

謝辞

　この研究を進めるにあたり，研究の場や研究の基礎の訓練を授けて下さった元国立科学博物館動物研究部長今島実博士，また，研究論文を報告するにあたり分類学の基礎や論文の手ほどき等の懇切なご指導を賜った神奈川県立生命の星・地球博物館長青木淳一博士，それにフトミミズ属の研究内容に適切なご助言とご指導を賜った函館大学上平幸好教授に心から感謝し，厚くお礼申し上げる。

　本論文の作成にあたり，適切なご指導をいただいた東京大学大学院農学生命科学研究科古田公人教授，森林総合研究所多摩森林科学園新島溪子博士に心から感謝し，厚くお礼申し上げる。

引用文献

Adachi, T., 1955. Note on the terrestrial earthworms collected at the Tokyo University of Agricalture Farm. Jour. Agr. Sci.Tokyo Nogyo Univ., 2(4):537-561.

安達綱光, 大野正男, 1966. 自然教育園のミミズ. 自然教育園生物群集, 1 : 136.

安達綱光, 大野正男, 1967. 関東地方におけるフツウミミズの分布. 東洋大教養自然科学 7: 25-33.

藍尚禮, 2000. ミミズを飼育してみよう. ミミズコンポスト導入マニュアル. 科学教育研究会, 東京, 42 pp.

Bal, 1., 1982. Zoological Ripening of Soils. 新島渓子・八木久代義訳監修 (1992) 土壌動物による土壌の熟成. 博友社, 東京, 405 pp.

Beddard, F.E., 1892a. On Some Species of the Genus *Perichaeta* (sensu stricto). Proc. zool Soc.Lond., 1892: 153-172.

Beddard, F.E., 1892b. On some *Perichaeta* from Japan. Zool.jb.(Syst.), 6: 755-766.

Bouche, M.B., 1977. Strategies Lombriciennes. In : Soil Organisms as Components of Ecosystems (eds U. Lohm & T. Persson), pp. 122-132 . NER, Stockholm.

Chen, Y., 1931. On the terrestrial oligochaeta from Szechuan. Contr. biol. Lab. Sci.Soc. China(zool.), 7: 117-171.

Chen, Y., 1933. A preliminary survey of the earthworms of the Lower Yangtze vally. Contr. biol. Lab. Sci. Soc. China(zool.), 9: 178-296.

Chen, Y., 1935. On two new species of oligochaeta from Amoy. Contr. biol. Lab. Sci. Soc. China(zool.), 11: 109-123.

Chen, Y., 1936. On the terrestrial oligochaeta from Szechuan II with notes on Gates types. Contr. biol. Lab. Sci.Soc. China(zool.), 11: 269-306.

Chen, Y., 1938. Oligochaeta from Hainan, Kwangtung. Contr. biol. Lab. Sci. Soc. China(zool.), 12: 357-427.

Cognetti de Martiis., 1906. Nouve speicies di generi *Pheretima* e Trigebia. Accord. Sci. Torino, 41: 777-790.

Darwin, C.R., 1881. The Formation of Vegetable Mould through the Action of Worms. 渋谷寿夫. 訳 (1979). ミミズと土壌の形成. たたら書房, 鳥取県, 185 pp.

Easton, B.G., 1979. A revision of the acaecate earthworms of the *Pheretima* group (Megascolecidae: Oligochaeta): *Archipheretima, Metapheretima, Planapheretima , Pleionogaster* and *Polypheretima* Bull.Br.Mus.Nat. Hist.(Zool),35 (1): 1-128.

Easton, B.G., 1981. Japanese earthworms: a synopsis of the Megadrile species Oligochaeta. Br. Mus. Nat. Hist.(Zool.), 40(2): 33-65.

Easton, B.G., 1984. Earthworms(Oligochaeta) from islands of the south-western Pacific, and note on two species from Papua New Guinea. New Zealand J. Zool. , 11: 111-128.

Gates, G.E., 1932. The earthworms of Burma III. Rec. Indian Muss., 34: 357-549.

Gates, G.E., 1933. The earthworms of Burma IV. Rec. Indian Muss., 35: 413-606.

Gates. G.E., 1935. New erthworms from China, with notes on the synonymy of some Chineses species of *Drawida* and *Pheretima* Smithson misc. Collns, 93: 1-19.

Gates, G.E., 1936. The earthworms of Burma V. Rec. Indian Muss., 38 : 377-468.

Gates. G.E. 1939. On some species of Chinese earthworms with specimens collected in Szechan by D.C.Graham. Proc. Uni. Sta. Nati. Mus., 85: 405-507.

Gates, G.E., 1958. On some species of oriental earthworms Genus *Pheretima* Kinberg , 1867 with key to speies reported from Americans. Amer.Mus.Novit.,1888:1-33.

Goto, S. & Hatai. S.,1898. New or imperfectly known species of earthworms 1. Annotnes zool. Jap., 2: 65-78.

Goto, S. & Hatai. S.,1899. New or imperfectly known species of earthworms 2. Annotnes zool. Jap., 3: 13-24.

Hatai, S.,1929. On the variability of some external characters in *Pheretima vittata* Annotnes zool. Jap., 12: 271-284.

Hatai, S.,1930. A Note on *Pheretima agrestis* Goto & Hatai), together with the description of four new species of the genus *Pheretima.* Sci. Rep. Tohoku Univ., 5: 651-667.

Hatai, S.,& Ohfuchi. S.,1935. Description of one new species of the genus *Pheretima* Sci. Rep. Tohoku Univ., 10: 767-772.

Hatai, S., & Ohfuchi. S., 1937. On one new species of earthworms belonging to the genus *Pheretima* from northeastern Honshu, Japan. Res. Bull. Saito Ho-on Kai Mus., 12: 1-11.

Horst, R., 1883. New species of the genus *Megascolex templeton* (*Perichaeta Schmarda*)in the collections of the Leyden Museum. Notes Leyden Mus. 5:182-196.

石塚小太郎, 1993. ミミズの研究(Part I)成蹊論叢, 32: 3-43.

石塚小太郎, 1994. 国科博付属自然教育園のミミズ相, 成蹊論叢, 33:179-188.

石塚小太郎, 1995. ミミズの研究(Part II). 成蹊論叢, 34: 89-104.

石塚小太郎, 1997. ミミズの研究(Part III). 成蹊論叢, 36: 114-130 .

Ishizuka, K., 1999a. A Review of the Genus *Pheretima* s. lat. (Megascolecidae) from Japan. Edaphologia, 62: 55-80.

Ishizuka, K., 1999b. New species of the genus *Pheretima* s. lat. (Annelida, Oligochaeta, Megascolecidae) from Tokyo, Japan— Species with Manicate Intestinal Caeca. Bull. Natn. Sci. Mus., Tokyo, Ser. A, 25(1): 33-57.

Ishizuka, K., 1999c. New Species of the Genus *Pheretima* s. lat. (Annelida, Oligochaeta, Megascolecidae) from Tokyo, Japan—part II. Species with Serrate Intestinal Caeca. Bull. Natn. Sci. Mus., Tokyo, Ser. A, 25(2): 101-122.

Ishizuka, K., 1999d. New species of the genus *Pheretima* s. lat. (Annelida, Oligochaeta, Megascolecidae) from Tokyo, Japan—part III. Species with Simple Intestinal Caeca (1). Bull. Natn. Sci. Mus., Tokyo, Ser. A, 25(4): 229-242.

石塚小太郎, 2000a. 日本産陸生大型貧毛類の同定への手引き. 成蹊論叢, 38 :53-80.

石塚小太郎, 2000b. フトミミズの形態観察. 成蹊論叢, 38: 81-92 .

IsIshizuka, K., 2000c. New Species of the Genus *Pheretima* s. lat. (Annelida, Oligochaeta, Megascolecidae) from Tokyo, Japan —Part IV. Species with Simple Intestinal Caeca (2). Bull. Natn. Sci. Mus., Tokyo, Ser. A, 26(1): 13-33.

Ishizuka, K., 2000d. New Species of the Genus *Pheretima* s. lat. (Annelida, Oligochaeta, Megascolecidae) from Tokyo, Japan— Part V. Species with Simple Intestinal Caeca (3). Bull. Natn. Sci. Mus., Tokyo, Ser. A, 26(4): 179-196.

Ishizuka, K., Azama, Y. and Sasaki, T., 2000a. Tow New species of the genus *Pheretima* s. lat. (Family Megascolecidae) from the Yambaru District, Okinawa Island, Japan. Edaphologia, 65: 89-95.

Ishizuka, K., Shishikura, F. and Imajima M., 2000b. Earthworms (Annelida, Oligochaeta) from the Imperial Palace, Tokyo. Mem. Natn. Sci. Mus., Tokyo, Ser. A, 35: 1-18.

上平幸好, 1970. 陸生貧毛類の生態学的研究. 函大論究, 4: 50-59.

上平幸好, 1972. フトミミズ三種の成長について. 函大論究, 6: 47-55.

上平幸好, 1973a. 日本産陸棲貧毛類フトミミズ属 (Genus *Pheretima*), 種の検索表. 函大論究, 7: 53-69.

上平幸好, 1973b. 函館における陸生貧毛類の生態学的研究. 「生物教材」, 7: 43-51.

Kamihira, Y., 1974. Abnomal Specimens of the Earthworms collected from Hakodate, Japan. The Hakodate Daigaku Ronkyu, 9: 70-80.

上平幸好, 1996. 陸生貧毛類, *Pheretima phaselus* Hataiの変種に関する再検討. 函大論究, 27: 97-105.

北沢右三・新島渓子・福山研二・百済弘胤・北沢高司, 1985. 北海道の針広混交林の土壌動物に関する研究. Edaphologia, 52: 33-51.

Kobayashi, S., 1934a. Three new Korean earthworms belonging to the Genus *Pheretima* together with the wider range of distribution of *P. hilgendorfi* (Michaelsen). J. Chosen nat. Hist. Soc., 19: 1-14.

小林新二郎, 1934b. 特異なる朝鮮産*Pheretima* sp. のTestis sacs に就いて. 動物学雑誌, 46(554): 535-536.

Kobayashi, S., 1936. Earthworms from Koryo. Korea. Sci. Rep. Tohoku Univ., 11:140-184

Kobayashi, S., 1937. On the Breeding habit of the earthworms without male pores. Sci. Rep. Tohok Univ., 11: 473-485.

Kobayashi, S., 1938a. Earthworms of Hakodate, Hokkaido. Annot. zool. Jap., 17:405-415

小林新二郎, 1938b. 厚岸のミミズ. 動物学雑誌, 50(12): 520.

小林新二郎, 1941a. 壱岐のミミズ（予報）. 動物学雑誌, 53(1): 51-53.

小林新二郎, 1941b. 四国, 中国, 近畿及中部諸地方の陸生貧毛類に就いて. 動物学雑誌, 53(5): 258-267.

小林新二郎，1941c．西日本における陸生貧毛類の分布概況．動物学雑誌，53(8)：371-384．

小林新二郎，1941d．九州地方陸生貧毛類相の概況．植物と動物，9(4)：33-40

小林新二郎，1941e．宇都宮のミミズ．動物学雑誌，53(9)：458-460．

Lee, K.E.,1959. The earthworm fauna of New Zealand. New Zealand Dep. Sci.Indust. Res. Bull., 130: 1-486.

Lee, K.E.,1985. Earthworms : Their Ecology and Relationships with Soil and Land Use. Academic Press, Sydney. 411 pp.

松本貞義，1992．ミミズの摂食排糞活動の土壌肥沃度に及ぼす効果に関する研究．京大学位論文．

松本貞義・谷口孝誠，1995．土壌の肥沃化に寄与するミミズの摂食排糞活動（その1）．Edaphologia, (53): 19-24.

Michaelsen, W.,1892. Terricolen der Berliner Zoologischen Sammlung II. Arch. Nat. Hist. Bul., 5(3): 1-25.

Michaelsen, W.,1900. Oligochaeta. Tierrich, 10: 1-575.

Michaelsen, W.,1931. The Oligochaeta of China. Peking Nat. Hist. Bul., 5(3): 1-25.

Michaelsen, W.,1934. Oligochaeta from Sarawak. Quart.J. microsc. Sci., 77: 1-47.

中村好男，1967．札幌付近の異なる土壌型草地における陸生ミミズ相について．応動昆，11(4)：164-168．

Nakamura, Y.,1968. Studies on the Ecology of Terrestrial Oligochaeta. Appl. Ent. Zool., 3(2): 89-95.

中村好男，1971．草地土壌動物相の研究．日草誌，17(4)：217-222．

Nakamura, Y.,1975. Decomposition of organic materials and soil fauna in pasture. 3. Disappearance of cow dung and associated soil macrofaunal succession. Pedobiologia, 15: 210-221.

中村好男，1980．土壌における生物の役割．とくにミミズと土について．ペドロジスト，24(1)：43-50．

中村好男，1991．ミミズ綱（貧毛綱）．日本産土壌動物検索図鑑．（青木淳一編），pp. 13-15.北隆館，東京．

中村好男, 1994. ミミズによる根こぶ病(*Plasmodiophora brassicae*)の抑制. 日土壌動物学会講要, (17): 29.

Nakamura, Y., 1995. Influence of the Earthworm *Pheretima hilgendorfi* (Megascolecidae) on *Plasmodiophora brassicae* Lubroot Galls cabbage seedlings in Pot. Edaphologia, 54: 39-41.

中村好男, 1991. ミミズ綱（貧毛綱）, 日本産土壌動物検索図鑑. （青木淳一編）, pp. 13-15. 北隆館, 東京.

中村好男, 1999a. ミミズ綱（貧毛綱）, 日本産土壌動物「分類のための図解検索」. （青木淳一編）, pp. 103-110. 東海大出版, 東京.

Nakamura, Y., 1999b. Checklist of Earthworms of *Pheretima* Genus Group (Megascolecidae : Oligochaeta) of the World. Edaphologia, 64: 1-78.

中村好男, 2000. 土壌動物の生態と土壌物理. 土壌の物理性, 83: 47-57.

新島溪子・小川眞, 1980. アカマツせき悪林地におけるバーク堆肥の施用が土壌生物に与える影響. 林試研報, 310: 97-108.

新島溪子・松本久二, 1993. アカマツ林及びコナラ林における落葉落枝の分解と大型土壌動物の季節変動. 森林総合研究所研究報告, 364:51-68.

Ohfuchi, S., 1935. On some new species of earthworms from northeastern Hondo, Japan. Sci. Rep. Tohoku Univ., 10: 409 -415.

大淵真龍. 1936. ミミズ *Pheretima marenzelleri* Cognettiの体節上に現れる Genital Papillaeの数及び位置の変異. 動物学雑誌, 48: 230.

Ohfuchi, S., 1937a. Descriptiom of three new species of the genus *Pheretima* from northeastern Honshu, Japan. Res. Bull. Saito Ho-on Kai Mus., 12: 13-29.

Ohfuchi, S., 1937b. On the species possessing four pairs of spermqthcae in the genus *Pheretima* together with the variability of some external and internal characters. Res. Bull. Saito Ho-on Kai Mus., 12: 31-136.

Ohfuchi, S., 1938a. On the Variability of the opening and the structure of the spermatheca and the male organ in *Pheretima irregularis*. Honshu Japan. Res. Bull. Saito Ho-on Kai Mus., 15: 1-31.

Ohfuchi, S., 1938b. New species of earthworms from northeastern Honshu Japan. Res. Bull. Saito Ho-on Kai Mus., 15: 33-52.

Ohfuchi, S., 1938c. New and little known forms of earthworms, *Pheretima* from Nippon. Res. Bull. Saito Ho-on Kai Mus., 15: 53-66.

大淵真龍, 1938d. 石狩沃野の水田に発生するミミズ *Pheretima* 属に対する動物学的考察 植物と動物, 6(12): 1991-1998.

大淵真龍, 1938e. 本州東北部に於ける *Pheretima* 属に就いて. 動物学雑誌, 50:177-178.

Ohfuchi, S., 1939. Further studies of the variability in the position and number of male and spermathecal pores in the case of *Pheretima irregularis* based on local analysis. Sci. Rep. Tohoku Univ., 14: 81-117.

Ohfuchi, S., 1941. The cavernicolous Oligochaeta of Japan. Sci. Rep. Tohoku Univ., 16: 243-256.

大淵真龍, 1947a. 分布上よりみたる日本のフトミミズ属. 生物, 1: 42-47.

大淵真龍, 1947b. ミミズと人生. 牧書房, 東京, 262 pp.

Ohfuchi, S., 1956. On a collection of the Terrestrial Oligochaeta obtained from the various localities in Riu-Kiu Islands, together with the consideration of their Geographical Distribution Part 1-III. J. Agric. Sci. Tokyo., 3: 131-176, 243-261, 357-378.

大淵真龍, 1965. 環形動物貧毛綱, 新日本動物図鑑（上）. （岡田要・内田清之助・内田亨監修）, pp. 533-563. 北隆館, 東京

大野正男, 1973. 東京都区内における土壌動物の分布(1). 都市生態系の特性に関する基礎的研究. （沼田真編）, pp. 140-156.

大野正男, 1981. 自然教育園の陸生ミミズ類. 自教園報告書, 12: 93-95.

Perel, H.S., 1977. Differences in Lumbricid organization connected with ecological properties. In: Soil Organisms as Components of Ecosystems (eds U. Loh & T. Persson), pp. 56-63. NER, Stocholm.

Rosa, D., 1891. Die exotischen Terricolen des k. k. naturhistorischen Hofmuseums. Annln Naturh. Mus. Wein, 6: 379-406.

Sims, R.W., & Easton E.G., 1972. A numerical revision of the earthworms genus *Pheretima* auct. (Megascolecidae : Oligochaeta) with the recognition of new genera and appendix on the earthworms collected by the Royal Society North Borneo Expedition. Biol. J. Linn. Soc., 4 (3) : 169-268.

Song, M. J. & Paik, K. Y., 1969. Preliminary Survey of the earthworms from Dagelet Isl., Korea Korean J. Zool., 12(1): 13-21.

Song, M. J. & Paik, K. Y., 1970a. Earthworms from Chejoo-do Isl., Korea. Korea J. Zool., 1(3): 9-14.

Song, M. J. & Paik, K. Y., 1970b. On a small collecction of earthworms from Geo-je Isl., Korea Korean J. Zool., 4(13): 101-111.

Song, M. J. & Paik, K. Y., 1971. Earthworms from Mt.Jiri, Korea. Korea Korean J. Zool., 14: 192-198.

高橋徳吉, 1952. ヒトツモンミミズの外形に見られる変異について. 生物教材の開拓, 2: 61-69.

Tsukamoto, J., 1985. Soil macro-animal on a slope in a deciduous broad-leaved forest. II. Earthworms of Lumbricidae and Megascolecidae. Jap. J. Ecol., 35: 37-48.

Tsukamoto, J., 1986a. Soil macro-animal on a slope in a deciduous broad-leaved forest. III. Indirect evalution of the effect of Earthworms on the differential development of the A_0-layer observed between the ridge and bottomparts. Jap. J. Ecol., 35: 601-607

塚本次郎, 1986b. 我国の森林の落葉消失に果たすミミズの役割評価について．ヨーロパとの比較を中心に−，森林立地, XXIII(1): 1-10.

塚本次郎, 1996. 林床落葉の消失に及ぼす大型土壌動物の影響に関する研究．京大学位論文．

渡辺弘之, 1972. 森林における大型土壌動物の落葉粉砕と土壌耕転に関する研究．京大演林報, 44: 1-19.

Watanabe, H., 1973. Effect of Stand Change on Soil Macro Animals. J. Jap. Japan. Forest. Soc., 55 (10): 291-295.

Watanabe, H., 1975. On the amount of cast production by the Megascolecid earthworm *Pheretima hupeiensis* . Pedobiologia, 15: 20-28.

Wood, T, G., 1974. The distribution of earthworms (Megascolicidae) in relation to soils, vegestation and altitude on tje slopes of Mt. Kosciusko, Australia J. Anim. Ecol., 43: 87-106.

山口英二, 1930a. 札幌産ミミズの数種（予報）. 動物学雑誌, 42: 49-58.

Yamaguchi, H., 1930b. On the Variability of the capsulogenous glands the eathworm (*Pheretima hilgendorfi*). Trans. Sapporo Nat. Hist. Soc., 11: 89-95.

山口英二, 1930c. ミミズの一種 *Pheretima hilgendorfi* の雄性生殖合孔の正常位置とその位置及び数に関する変異に就いて. 動物学雑誌, 43: 393-399.

山口英二, 1952. 北海道の陸生みみずについて. 生物教材の開拓, 2: 16-35.

Yamaguchi. H., 1962. On earthworms belonging to the genus *Pheretima* collected from the southern part of Hokkaido. J. Hokkaido Gakugei Univ. 13: 1-21.

付表1 東京全域図中の1-91番の地名（付図1）及び調査期間・回数，降雨時採集地

番号	地名	略称	調査期間 調査回数	降雨時採集地
「 低地 」				
1	千代田区千代田	皇居	'96-'00 2カ月に一回，計22回	○
2	渋谷区代々木	明治神宮	'85. 7/9, 15, 9/24, '99. 1/22	
3	目黒区白金台	国立自然教育園	'85. 5/12, 7/18, 30, 10/19, 12/26	
4	新宿区百人町	国科博新宿分館	'84. 8/20, 10/15, '85. 6/18, 25, 7/15, 11/11	○
5	台東区上野公園	上野恩賜公園	'81. 7/10, '85. 10/5	
6	文京区東大付植園	小石川植物園	'83. 7/29, 8/2, '85. 8/17, 10/18, '99. 1/22	
7	文京区本駒込	東京都立六義園	'85. 7/25,	
8	北区滝野川	飛鳥山公園	'85. 7/25, 10/5	
9	葛飾区水元公園	水元公園	'85. 7/26, '87. 8/6	
10	江東区清澄	清澄庭園	'85. 9/28	
11	足立区西新井	西新井大姉	'85. 9/22, '89. 9/22	
12	練馬区石神井	石神井公園	'83. 8/22	
13	板橋区氷川台	城北中央公園	'90. 2/22, 4/25, 6/15, 7/18, 10/3, 12/23	○
14	板橋区新川岸	荒川戸田橋緑地	'81. 6/22, 7/5	
15	板橋区大門		'81. 7/5, '82. 7/15, '85. 7/7	
16	練馬区大泉学園町		'82. 7/11, 9/23	
17	練馬区大泉		'82. 7/11, 9/23	
18	練馬区西大泉		'82. 7/11, 9/23	
「 丘陵地 」				
19-1	保谷市下保谷		'81/~82毎月一回，その他多数	○
19-2	保谷市北町		'81/~82毎月一回，その他多数	○
19-3	保谷市泉町		'81/~82毎月一回，その他多数	○
19-4	保谷市住吉町		'81/~82毎月一回，その他多数	○
20-1	田無市緑町		'81/~82 2カ月に一回	
20-2	田無市谷戸町		'81/~82 2カ月に一回	
20-3	田無市ひばりが丘		'81/~82 2カ月に一回	
21	武蔵野市	成蹊学園	'95/~96毎月一回	○
22-1	東久留米市金山町		'80/~81毎月一回，その他多数	○
22-2	東久留米市大門町		'80/~81毎月一回，その他多数	○
22-3	東久留米市浅間町		'80/~81毎月一回，その他多数	○
22-4	東久留米市小山		'80/~81 2カ月に一回	
22-5	東久留米市柳窪		'80/~81 2カ月に一回	
22-6	東久留米市南沢		'80/~81 2カ月に一回	
22-7	東久留米市氷川台		'80/~81 2カ月に一回	
22-8	東久留米学園町		'80/~81 2カ月に一回	
23-1	清瀬市下宿		'83/~84 2カ月に一回	○
23-2	清瀬市旭が丘		'83/~84 2カ月に一回	○
23-3	清瀬市中里		'83/~84 2カ月に一回	○
23-4	清瀬市下清戸		'83/~84 2カ月に一回	○
23-5	清瀬市中清戸		'83/~84 2カ月に一回	○
23-6	清瀬市上清戸		'83/~84 2カ月に一回	
23-7	清瀬市青葉町		'83/~84 2カ月に一回	
24-1	埼玉県新座市新堀		'80/~81毎月に一回，その他多数	
24-2	新座市西堀		'80/~81毎月に一回，その他多数	
24-3	新座市本多		'80/~81 2カ月に一回	○
24-4	新座市石神		'80/~81 2カ月に一回	○
24-5	新座市栗原		'80/~81 2カ月に一回	○
25	埼玉県所沢市下安町		'80. 6/23, 7/2, '81. 7/23, '83. 8/6, '84. 6/30, 7/28, 9/30	○
26-1	所沢市山口		'80. 6/23, 7/2, '81. 7/23, '83. 8/6, '84. 6/30, 7/28, 9/30	○
26-2	所沢市上山口		'80. 6/23, 7/2, '81. 7/23, '83. 8/6, '84. 6/30, 7/28, 9/30	○
27	所沢市勝楽寺		'80. 6/23, 7/2, '81. 7/23, '83. 8/6, '84. 6/30, 7/28, 9/30	○

28	埼玉県志木市宗岡		'81.6/22, 7/15'	
29	埼玉県朝霞市上内間木		'81.6/22, 7/15'	
30	埼玉県和光市　荒川河川敷運動公園		'81.6/22, 7/15'	
31	小平市萩山町	小平霊園	'82.5/25, 8/2	
32	東村山市多摩湖	狭山自然公園	'82.6/30, 7/28, 9/30, '85.6/30, 7/12	○
33-1	東村山市恩田町		'82.6/30, 7/28, 9/30, '85.6/30, 7/12	
33-2	東村山市秋津町		'82.6/30, 7/28, 9/30, '85.6/30, 7/12	
33-3	東村山市多摩湖町		'82.6/30, 7/28, 9/30, '85.6/30, 7/12	○
34-1	東大和市湖畔		'80.11/14, '85.6/30, 7/12, 28, 9/30	○
34-2	東大和市奈良橋		'80.11/14, '85.7/12, 28, 9/30	
34-3	東大和市蔵敷	狭山緑地	'80.11/14, '85.7/12, 28, 9/30	
34-4	東大和市芋窪		'80.11/14, '85.7/12, 28, 9/30	
34-5	東大和市多摩湖	多摩湖	'85.6/30, 7/12, 28, 9/30	○
35-1	武蔵村山市中藤		'80.11/14, '85.6/30, 7/12, 28, 9/30	○
35-2	武蔵村山市本町	野山北公園	'80.11/14, '85.6/30, 7/12, 28, 9/30	○
35-3	武蔵村山市三ツ木		'85.6/30, 7/12, 28, 9/30	○
36	西多摩郡瑞穂町	六道山公園	'85.6/30, 7/12, 28, 9/30	○
37	埼玉県入間市宮寺		'85.6/30, 7/12, 28, 9/30	○
38	埼玉県所沢市	狭山湖	'85.6/30, 7/12, 28, 9/30	○

「山地　」

39	青梅市梅郷		'82.5/5, 7/29	
40	青梅市塩船	塩船観音陵地	'82.5/5, 7/29	
41	青梅市二俣尾		'82.5/5, 7/29	
42	青梅市御岳	御岳渓谷	'80.7/27, '81.9/8, '83.8/5, '83.-'84, 2カ月一回	○
43	青梅市御岳	御岳山	'80.7/27, '81.9/8, '83.8/5, '83.-'84, 2カ月一回	○
44	西多摩郡檜原村	大岳山	'80.7/27,	
45	西多摩郡奥多摩町	海沢	'81.7/15	
46	西多摩郡奥多摩町	大丹波渓谷	'81.7/15, '85.7/13, 9/14, '86.10/18, '87.1/15	○
47	西多摩郡奥多摩町	日原川林道	'80-'85 の夏と秋計12回'87.1/15, '98.10/22	○
48	西多摩郡奥多摩町	川乗谷	'80-'85 の夏と秋計12回'87.1/15, '98.10/22	○
49	西多摩郡奥多摩町	倉沢林道	'80-'85 の夏と秋計12回'87.1/15, '98.10/22	○
50	西多摩郡奥多摩町	日原鍾乳洞	'80-'85 の夏と秋計12回'87.1/15, '98.10/22	○
51	西多摩郡奥多摩町	小川谷林道	'80-'85 の夏と秋計12回'87.1/15, '98.10/22	○
52	西多摩郡奥多摩町	天祖山	'81.8/8, '85.9/14, '87.1/15	○
53	西多摩郡奥多摩町	孫惣谷	'81.8/8, '85.9/14, '87.1/15	○
54	西多摩郡奥多摩町	唐松谷	'81.8/8, '85.9/14, '87.1/15	○
55	西多摩郡奥多摩町	大雲取谷	'81.8/8, '85.9/14, '87.1/15	○
56	西多摩郡奥多摩町	氷川	'81.7/24, '98.10/22, 27	
57	西多摩郡奥多摩町	鋸山林道,	'81.7/24, '98.10/22, 27	
58	西多摩郡奥多摩町奥多摩体験の森		'81.7/24, '98.10/22, 27	
59	西多摩郡奥多摩町	孫岳渓谷	'81.7/24, '98.10/22, 27	
60	西多摩郡奥多摩町	道所	'81.7/24, '98.10/22, 27	
61	西多摩郡奥多摩町	水根沢谷	'85.4/2, 7/13, 8/30, 9/7, 27	
62	西多摩郡奥多摩町	峰谷	'85.4/2, 7/13, 8/30, 9/7, 27	
63	西多摩郡奥多摩町	小袖	'85.4/2, 7/13, 8/30, 9/7, 27	
64	山梨県北都留郡	後山川林道	'85.9/8	
65	山梨県北都留郡丹波山丹波山村		'80.8/8, '81.7/28	
66	山梨県北都留郡丹波山大菩薩峠		'80.8/6, '81.7/26, '87.8/22,	
67	西多摩郡奥多摩町	月夜見山	'81.8/8	
68	西多摩郡奥多摩町	雲取山	'85.9/8	
69	西多摩郡奥多摩町	七つ石山	'85.8/9, 9/8	
70	西多摩郡奥多摩町	鷹ノ巣山	'85.8/9	
71	西多摩郡檜原村	風張峠	'81.8/7, 8, '85.7/24, '87.1/18	
72	西多摩郡檜原村	檜原村	'81.8/7, 8, '85.7/24, '87.1/18	
73	西多摩郡檜原村　奥多摩都民の森		'81.8/7, 8	
74-1	西多摩郡檜原村数馬	南秋川	'81.6/27, 8/7, 8, '85.7/24, '87.1/18	○
74-2	西多摩郡檜原村人里	南秋川	'81.6/27, 8/7, 8, '85.7/24, '87.1/18	○
74-3	西多摩郡檜原村南郷	南秋川	'81.6/27, 8/7, 8, '85.7/24, '87.1/18	○
74-4	西多摩郡檜原村本宿	南秋川	'81.6/27, 8/7, 8, '85.7/24, '87.1/18	○

75-1	西多摩郡檜原村中組	北秋川	'81.6/27, 8/7, 8, '85.7/24, '87.1/18	○
75-2	西多摩郡檜原村笹久保	北秋川	'81.6/27, 8/7, 8, '85.7/24	○
75-3	西多摩郡檜原村神戸岩	北秋川	'81.6/27, 8/7, 8, '85.7/24	○
76-1	五日市上養沢	三ツ合鍾乳洞	'84.7/23, '85.7/24	
76-2	五日市上養沢	養沢鍾乳洞	'84.7/23	
77	五日市町戸倉		'85.7/24, 8/26	
78	五日市町小和田		'85.7/24, 8/26	
79	五日市町金比羅山		'85.7/24, 8/26	
80	五日市樽		'85.7/24, 8/26	
81	五日市深沢		'85.7/24, 8/26	
82	日の出町大久野		'85.7/24, 8/26, '87.1/18	
83	日の出町坂本		'85.7/24, 8/26, '87.1/18	
84	日の出町細尾		'85.7/24, 8/26, '87.1/18	
85	多摩市連光寺		'85.8/18	
86	稲城市大丸		'85.8/18	
87	日野市平山		'85.8/18	
88	日野市程久保		'85.8/18	
89	八王子市堀之内	平山城址公園	'85.8/18	
90	八王子市甘里町	森林総合研究所	'99.7/19, '00.7/19, 8/25	
91	八王子市高尾町	高尾山	'81-'84の夏と秋計10回, '85年1-12月計8回	○

付図 1 採集 - 調査地点

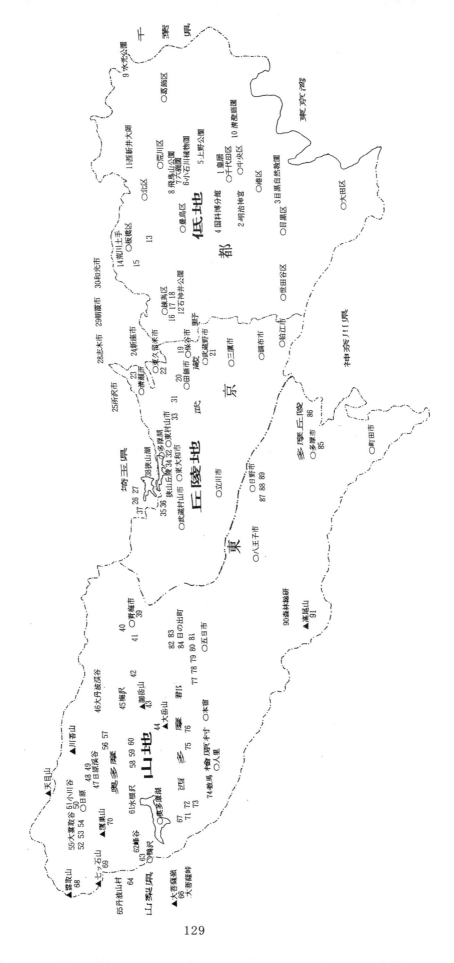

著者略歴

石塚小太郎（いしづかこたろう）

1945年東京生まれ。大学時代よりミミズ研究を開始し、都立高校教師の傍らでも研究を続ける。ミミズ研究で学位（農学博士）取得。国立科学博物館特別研究生として研究に従事。皇居内生物調査（第Ⅰ期、第Ⅱ期）外部調査研究員、京都大学生態学研究センター公開講座（ミミズの調査法、同定法）講師、森林総合研究所多摩森林科学園非常勤研究員に従事。

2004年、ミミズの研究によって日本のフトミミズの分類、同定を可能にしたことおよび啓蒙活動の業績により、日本土壌動物学会奨励賞を受賞。2014年4月「ミミズ図鑑」を写真家の皆越ようせい氏とともに全国農村教育協会より刊行。

ミミズの学術的研究
－日本産フトミミズ属の形態、生態、分類および研究手法－

Academic Study of Earthworms

Morphology, ecology, taxonomy and research methods of
Japanese Earthworms (Genus *Pheretima* s. lat.)

定価 2,000円＋税
2015年8月30日　初版第1刷発行

著　者　石塚小太郎
発行所　株式会社全国農村教育協会
東京都台東区台東1-26-6（植調会館）〒110-0016
電話　03-3833-1821
FAX　03-3833-1665
http://www.zennokyo.co.jp
hon@zennokyo.co.jp

Ⓒ 2015 by Kotaro Ishizuka
ISBN978-4-88137-187-9　C3045

落丁、乱丁本はお取替えいたします。
本書の無断転載、無断複写（コピー）は著作権法上の例外を除き禁じられています。